Nikon
D800
单反摄影
完全攻略

Ⓒ 广角势力 著

人民邮电出版社
北 京

图书在版编目（ＣＩＰ）数据

Nikon D800单反摄影完全攻略 / 广角势力著. -- 北
京：人民邮电出版社，2013.1
ISBN 978-7-115-28739-7

Ⅰ. ①N… Ⅱ. ①广… Ⅲ. ①数字照相机－单镜头反
光照相机－摄影技术 Ⅳ. ①TB86②J41

中国版本图书馆CIP数据核字(2012)第135568号

内 容 提 要

　　本书是专门为尼康D800用户而打造的相机使用指南与摄影指导书。书中不仅对尼康 D800 的性能特点、操作方法、可选镜头及配件等进行了较为详尽的介绍，同时也由浅入深地对摄影基本原理以及各类摄影题材的实战技法等作出了相应讲解。

　　本书是刚刚购买尼康D800的用户的最佳入门书。本书首先在"尼康D800的十大亮点"一章中向读者阐述了尼康D800在技术上的革新，让读者更了解D800与众不同的地方。随后，本书将通过"尼康D800新手必读的摄影基础知识"、"尼康D800新手操作指南"以及"尼康D800拍摄模式选择"等章节，循序渐进地向读者讲解尼康D800的使用技巧，给读者最为贴心的指导。

　　当读者已经能够较为熟练地操控相机时，本书还通过大量精美的摄影作品，深入剖析了使用尼康 D800拍摄人像、风光、静物、运动、动态视频等常见题材的相关技巧，从而能够让大家轻松应对各种不同的拍摄题材。最后，本书为了使读者掌握更高级的摄影技巧，精心准备了"用光诀窍"、"创意构图"、"尼康 D800高阶技巧"等章节，这些章节可以帮助尼康D800用户拓展视野，提高水平。

　　对于准备或者已经购买尼康D800的用户，无论是初学者还是有经验的摄影爱好者，通过阅读本书，都会让读者在使用尼康D800时更加得心应手，摄影技术更上一层楼。

Nikon D800 单反摄影完全攻略

◆ 著　　　　　广角势力
　　责任编辑　李　际
　　执行编辑　陈伟斯

◆ 人民邮电出版社出版发行　　北京市崇文区夕照寺街 14 号
　　邮编　100061　　电子邮件　315@ptpress.com.cn
　　网址　http://www.ptpress.com.cn
　　北京顺诚彩色印刷有限公司印刷

◆ 开本：787×1092　1/16
　　印张：14
　　字数：518 千字　　　　　　　　2013 年 1 月第 1 版
　　印数：1- 4 000 册　　　　　　　2013 年 1 月北京第 1 次印刷

ISBN 978-7-115-28739-7

定价：59.00 元

读者服务热线：(010)67132786　印装质量热线：(010)67129223
反盗版热线：(010)67171154
广告经营许可证：京崇工商广字第 0021 号

前言

　　作为数码单反相机生产厂商的中坚力量，尼康所生产的数码单反相机在许多性能指标上一直走在市场的前列。不过稍显遗憾的是，唯独在像素的比拼上，尼康却总是落后于其他相机厂商。现如今，随着拥有3630万有效像素的尼康D800的横空出世，尼康一跃成为市场上首个拥有3000万以上像素数码单反相机的生产厂商。乍看之下，尼康D800好像是尼康D700的升级产品。但是，当我们真正拿到尼康D800并对其进行深入评测后，才发现这款数码单反相机实际上是一款主打高像素与高画质的全新产品。

　　与之前的尼康数码单反相机相比较，尼康D800的新亮点主要体现在以下这些方面。首先，凭借具有3630万有效像素的图像传感器，尼康D800在同类机型的像素比拼上完全可以做到傲视群雄。其次，依靠最新搭载的EXPEED 3 数码图像处理器，用户可以尽情享受高像素所带来的震撼画质。最后，基于D-Movie动态影像功能的进一步强化，用户能够真正体会到拍摄1080P全高清动态视频的乐趣。以上这些仅仅是简单地列举出一些尼康D800最为显著的亮点，而其实这款数码单反相机还有很多值得一提的性能，我们也将在本书中为读者一一作出详解。

　　最后，我们需要阐明的一点是，本书既不是尼康D800的说明书，也不是简单的器材评测，而是结合编写者多年的摄影阅历以及器材使用经验，完全从一个尼康D800用户的角度出发，对尼康D800进行全面系统而又有针对性的介绍。同时，本着追求易读与实用的编写原则，我们也希望本书能够给那些希望购买尼康D800或者已经购买尼康D800的用户提供更多有用的信息和建议。

　　本书能在既定时间内顺利完稿，首先要感谢白钇、黎金岳对全书文字的编写，感谢董帅对所有图片的整理。另外，感谢摄影师（排名不分先后）董帅、王军、李晟、周正、王飞、王瑜、周盼盼为本书提供精美摄影作品。

广角势力

2012年10月

CONT

ENTS

ENTS

ENTS

第1章

尼康D800的十大亮点

1.1 3630万有效像素全画幅CMOS

尼康D800相比于尼康前代机型最大的变化，就是采用了新研发的3630万有效像素全画幅CMOS。如此的提升，使得D800所能够呈现出的图像质感、层次和细节达到了中画幅数码系统才能企及的境界。

当我们使用D800拍摄人像照片时，人物的每一根睫毛，每一缕发丝全都历历在目；当我们使用D800拍摄风光照片时，风光中景物的纹理、质地，也会更为细腻地呈现出来。

而当我们使用D800输出照片时，也能凭借其惊人的3630 万有效像素，以200 dpi 将图像扩印至最大A1 海报尺寸（59.4 x 84.1 cm），或者以更大的自由度进行裁切，以实现拍摄时所无法达成的理想构图效果，而以上这些均不会牺牲原图的细节和色调范围。

同时，为了能够始终保证输出无杂质的高分辨率图像，D800 CMOS内的14 位A/D转换以及高信噪比性能，可以在各类环境下实现更为出色的成像品质。

尼康D800的全画幅COMS图像感应器

此外，3630万有效像素全画幅CMOS的惊人潜力并不仅仅局限于拍摄照片。利用D800强大的高清视频拍摄能力，并辅以能够实现锐利成像的高品质尼克尔镜头，可以使我们拍摄出更加细腻，更接近电影效果的广播级高清视频。

尼康D700的1210万有效像素所呈现出的画面细节

尼康D800的3630万有效像素能够呈现出更为细腻、清晰的画面细节

85mm　f/2.8　1/1600s　ISO　100

借助尼康D800的3630万有效像素所具有的强大
细节表现力，可以拍摄出更为细腻、动人的人像摄
影佳作

1.2　新型光学低通滤镜

　　光学低通滤镜通常位于图像传感器（CMOS）的前方，其主要作用是减少伪色和摩尔纹。但是，这种效果的获得通常要以牺牲少量图像分辨率作为代价。

　　而尼康D800的光学低通滤镜则可在图像分辨率和有效防止伪色及摩尔条纹之间进行优化平衡，从而使3630万有效像素所具有的高分辨率潜力得以充分发挥出来。而且，D800低通滤镜中的多层结构还采用了防反射涂层，有助于获得更为清晰、纯净的图像效果。

　　除了在原有基础上改进光学低通滤镜以外，尼康工程师还为那些追求极致清晰度的用户开发了一种独特的解决方案。那就是完全去除了光学低通滤镜中的防伪色和摩尔纹性能，以获得更高的图像分辨率。而以这种解决方案所研发出来的数码单反相机就是与D800同期诞生的D800E。

　　虽然与D800相比，D800E的伪色和摩尔纹的发生机率有所增加，但是，对于那些能够在实际拍摄中通过有效控制照明等因素，来减轻假色和莫尔条纹产生可能的专业摄影师来说，D800E无疑是获得高品质影像的最佳选择。

　　最后需要注意的一点是，D800E除了光学低通滤镜以外，在其他方面和D800的功能配置完全相同。

尼康D800E

D800所提供的画面分辨率

在同等分辨率下，D800E能够呈现出更为清晰、锐利的画面效果

◎ 70mm ✳ f/10 ▨ 1/200s ISO 100

这幅建筑照片所呈现出来的震撼效果，一方面有
赖于拍摄者的拍摄技巧，另一方面便是得益于尼
康D800E的超高清晰度所带来的绝佳影像表现力

1.3 EXPEED 3影像处理器

对于数码单反相机来说，更高的像素在带来精细影像的同时，也带来了更为繁重的数据处理任务。

不过，使用D800拍摄的用户，则不必为了高画质而牺牲速度。尼康工程师专为D800加载了最新研发的EXPEED 3影像处理器。

从图像处理、存储卡记录到图像播放和图像传送，EXPEED 3 能以比EXPEED 2 更高的速度处理大量数据。甚至在使用动态D-Lighting和高ISO降噪等特殊处理功能时，图像捕捉速度也不受影响。

此外，借助于EXPEED 3的强大处理性能，还能实现以30帧/秒的速度进行全高清视频录制。而大幅降低的噪点和更为丰富的色彩和色调，也可令用户进一步体会到EXPEED 3在拍摄静止图像和动态视频上所具有的特殊功效。

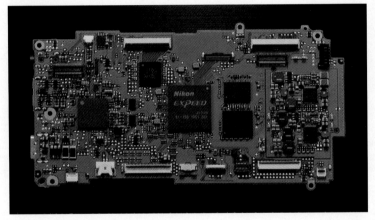

EXPEED3影像处理器

◎ 28mm ✱ f/8 ≋ 5s ISO 100

依靠尼康D800所采用的EXPEED3影像处理器的强大图像处理能力，可以拍摄出噪点更少、画面色彩和色调层次更为丰富的夜景照片

1.4 具备91000像素RGB感应器的高级场景识别系统

首次应用于尼康旗舰级数码单反相机D4中的高级场景识别系统，如今也为尼康D800所采用。其核心是一枚91000像素RGB感应器。这枚RGB感应器能以超高精度识别所拍摄场景的色彩和亮度信息，然后依据这些信息，结合相机的自动曝光系统，就可以最终呈现出更为自然的图像效果。

同时，该感应器的真正突破之处还在于，当我们使用D800的光学取景器拍摄时，它能够准确侦测到人的脸部。而且，除具有脸部侦测的能力外，详细的场景分析系统也得到了更为充分的利用，以支持在各类构图和照明环境下获得更加精确的自动对焦、自动测光和i-TTL闪光曝光。

91000像素RGB感应器

100mm　f/4　1/1250s　ISO 100

在拍摄多彩的蝴蝶时，尼康D800所采用的91000像素RGB感应器，可以有效识别蝴蝶主体的色彩及亮度信息，结合相机的自动曝光系统，能够将蝴蝶的艳丽之美淋漓尽致地展现出来

▶ 自动区域AF与3D跟踪:

自动区域AF和3D跟踪是尼康独有的自动对焦区域模式，可自动侦测被摄体的色彩与亮度信息以实现智能化的自动对焦。

而凭借91000像素RGB感应器，D800可获得更为精确的拍摄信息并具备更为强大的被摄体识别能力，由此，上述两种自动对焦区域模式的性能也得到了大幅提升。

当使用自动区域AF时，尼康D800能够确切侦测人的脸部并立刻对其进行自动对焦，这在以人脸为拍摄重点的人像摄影中颇为实用。

当使用3D跟踪时，测光感应器的精细分辨率与经特殊优化的AF算法相结合，能够从更为复杂的场景中识别出所要拍摄的被摄体，并且实现更加准确的对焦操作。

▶ 3D彩色矩阵测光III:

众所周知，尼康的测光系统有着极佳的平衡度。而91000像素RGB感应器的使用，则令D800拥有更为详尽的场景信息可供使用，从而使得D800的3D彩色矩阵测光III能够实现比以往更为理想的自动曝光效果。

▶ i-TTL闪光曝光:

尼康的i-TTL系统一直被公认为极其精确的摄影闪光控制系统。如今，91000像素RGB感应器所提供的脸部侦测和亮部分析功能，使得D800的i-TTL系统得到了进一步的优化升级。无论是使用内置闪光灯，还是使用安装于热靴的尼康外置闪光灯，D800的i-TTL均可以根据人脸以及人脸周围的亮度状况，实现更为均衡的闪光曝光效果。

◉ 90mm ❋ f/5.6 ▤ 1/800s ⬚ 100

91000像素RGB感应器所具有的人脸识别能力，结合尼康D800的自动区域AF模式，能够准确侦测到人物脸部，并立刻对其进行对焦测光拍摄

1.5 51点Multi-Cam 3500FX改良型自动对焦系统

要想在任何环境下都能够拍摄出具有超高分辨率的静止图像，精确的自动对焦性能是至关重要的。

而尼康D800的51点Multi-Cam 3500FX改良型自动对焦系统，即使是在极度昏暗的场景中，也能实现准确的自动对焦操作。

同时，当我们使用任何光圈为f/5.6（含）以上的AF尼克尔镜头时，为了能够在较浅的景深下，实现更为精确的自动对焦，可以依靠尼康D800取景器中央的15个十字型自动对焦感应器来侦测垂直和水平方向的被摄体线条。

此外，当我们将镜头光圈设置为f/8时，还可使用取景器中央的11个自动对焦点来激活AF，这对于结合2.0x增距镜拍摄远距离被摄体时非常有利。

51点Multi-Cam 3500FX改良型自动对焦系统

35mm f/4 1/30s ISO 800

在拍摄这幅纪实照片时，尼康D800的51点Multi-Cam 3500FX改良型自动对焦系统的强大对焦性能，使得在如图所示的昏暗场景中，也能够迅速、准确地完成自动对焦操作在尼康D800的自动对焦系统中，还提供了4种自动对焦区域模式，无论是拍摄人像、风景、静物，还是进行纪实抓拍，都有相应的自动对焦区域模式可供选择。

比如，当我们需要精确对焦处于静止状态的被摄体时，单点AF就是最为理想的选择。而动态区域AF模式，则非常适合用来准确捕捉运动中的被摄体。

此外，D800的3D跟踪模式能对正在进行左右不规则运动的被摄体始终保持对焦操作。而通过使用自动区域AF，则可自动侦测人的脸部，并保证其能够实现清晰对焦，这也正是提高纪实抓拍成功率的有效保障。

150mm　f/5.6　1/1000s　ISO 400

借助尼康D800的高性能动态自动对焦系统，可以更为清晰、准确地捕捉狗狗奔跑过程中的精彩瞬间

1.6 广播级全高清视频拍摄能力

除了拍摄高质量的静态影像以外，尼康D800还可以创造真正的电影拍摄体验。通过使用B帧数据压缩模式，我们能够使用D800在H.264/MPEG-4 AVC格式下以30帧/秒的速度录制1080p全高清视频，每条视频可最多记录29分59秒。

而且，尼康最新的图像处理优化技术，以及3630万像素的高精细度画质，可以使我们拍摄出更为清晰、精致的视频短片。

最后，特别值得一提的是，由于尼康D800的智能图像传感器能够以高于以往的速度读取动态影像，大大降低了滚动快门失真（这种失真可能在摇拍或拍摄横向高速移动的被摄体时产生）的可能性。

尼康D800提供了更为完备的高保真音频控制系统

在使用尼康D800拍摄短片的过程中，可以实现连续不间断地自动对焦

尼康D800能够以FX和DX两种画幅格式录制全高清和高清视频，从而可以呈现出不同的影片视野和氛围

基于FX格式的图像范围

基于DX格式的图像范围

1.7 100%取景器视野率

与前代D700约为95%的取景器视野率相比，尼康D800拥有着极具专业意味的100%视野率。

单反相机的一大优势就是可以实现所见即所得的光学取景效果，而100%视野率则能令我们在D800的光学取景器中，更为清晰、准确地查看取景画面中的每一个重要的构图元素。

而且，通过尼康D800优质五棱镜带来的清晰明亮的取景效果，我们还可切身感受到FX全画幅格式所具有的视野广阔的优势。

此外，尼康D800光学取景器中的对焦屏也经过了精心的设计，可以使我们在手动或自动对焦时，更加直观地识别对焦效果。

能提供100%视野率的光学取景器和其中的五棱镜

95%取景视野

尼康D800（100%取景视野率）与尼康D700（95%取景视野率）的取景视野范围对比

使用具有非100%视野率的相机拍摄时，可能会将取景视野以外的多余景物摄入画面

使用具有100%视野率的尼康D800拍摄时，可以实现真正的所见即所得，能够有效避免将多余的景物摄入画面

1.8 CF+SD规格双存储卡仓位

对于平滑且富有成效的拍摄而言，存储卡记录速度是另一项关键因素。

而为了更好地解决高像素的存储需求，尼康D800具有革命性的CF+SD规格双存储卡仓位。

其中，CF存储卡插槽与最新的UDMA 7兼容。SD卡插槽与SDXC 和UHS-I 兼容。

在实际拍摄中，我们可以同时使用两张存储卡以更加灵活的方式进行影像存储。比如可以分别在两张卡中记录RAW 和JPEG 文件，也可以同时在两张卡上记录相同的数据以进行备份等。

尼康D800的CF+SD规格双存储卡仓位

下表列出了8 GB Toshiba R95 W80MB/s UHS-I SDHC存储卡在尼康D800中可存储的不同影像质量、大小和数量：

影像质量	影像大小	文件大小		影像数量		缓冲数量	
		FX (36x24)*1	DX (24x16)*5	FX (36x24)*1	DX (24x16)*5	FX (36x24)*1	DX (24x16)*5
NEF (RAW)，无损失压缩，12位	-	32.4 MB	14.9 MB	133	303	21	3
NEF (RAW)，无损失压缩，14位	-	41.3 MB	18.6 MB	103	236	17	29
NEF (RAW)，压缩，12位	-	29.0 MB	13.2 MB	182	411	25	54
NEF (RAW)，压缩14位	-	35.9 MB	16.2 MB	151	343	20	41
NEF (RAW)，未压缩，12位	-	57.0 MB	25.0 MB	133	303	18	30
NEF (RAW)，未压缩，14位	-	74.4 MB	32.5 MB	103	236	16	25
TIFF (RGB)	L M S	108.2 MB 61.5 MB 28.0 MB	46.6 MB 26.8 MB 12.5 MB	71 126 277	165 289 616	16 18 26	21 26 41
JPEG 精细*4	L M S	16.3 MB 10.4 MB 5.2 MB	8.0 MB 5.1 MB 2.7 MB	360 616 1200	796 1200 2300	56 100 100	100 100 100
JPEG 标准*4	L M S	9.1 MB 5.3 MB 2.6 MB	4.1 MB 2.6 MB 1.4 MB	718 1200 2400	1500 2500 4600	100 100 100	100 100 100
JPEG 基础*4	L M S	4.0 MB 2.7 MB 1.4 MB	2.0 MB 1.3 MB 0.7 MB	1400 2400 4800	3000 5000 8900	100 100 100	100 100 100

1.9 坚固的机身

尼康D800的机身透视图

D800的许多重要部件都经过精心的设计，从而使其具有着更强的坚固性和更轻的重量。

虽然，D800在重量上比D700减轻约10%，但是却同样坚固。其所具有的镁合金构造能够有效保护相机内的精密技术免受意外冲击和环境气候的影响。

同时，经过严格测试并且被广泛使用的防尘密封设计，也使得D800无论在室内还是野外均具有极好的环境适应能力。

尼康D800的防尘密封区域

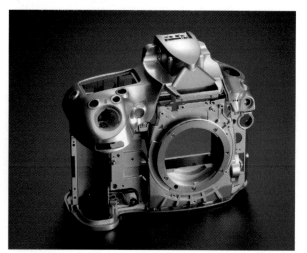

尼康D800的镁合金骨架

1.10 持久耐用控制机构

D800控制机构中最为重要的快门元件，经过20万次的释放测试，足以保证其具有极强的耐用性和极高的精确度。同时，快门元件可在1/8000～30秒的速度范围内运作，其智能的自我诊断快门监视器还能够自动监测实际的快门速度以校正长时间使用后可能出现的操作误差。

此外，要想获得真正杰出的数码单镜反光相机性能，速度和稳定性同样也是不可或缺的，而D800的机械结构、电源和精密性对于这两点是至关W重要的。因此，尼康利用其专业的工程设计知识，优化了强大的新型时序控制机构，以独立驱动快门、反光镜和光圈。

比如，在即时取景状态下，当反光板弹起时，也可释放快门，如此便使即时取景拍摄变得更加安静。又比如，对于电动光圈的控制可以通过步进马达来进行，这样也就使得机械调节的声音得到降低，从而能够获得更为安静、平滑的操控体验。

尼康D800的快门元件

第2章
尼康D800的外观

2.1 机身正面

自动对焦辅助照明灯/自拍指示灯/防红眼指示灯

当拍摄场景的光线较暗时，该指示灯会亮起以辅助对焦；当相机处于自拍状态时，该指示灯会连续闪烁以进行提示；在菜单上选择减轻红眼功能后，该指示灯会亮起

内置闪光灯

内置可收回、自动弹起的闪光灯，闪光指数约为GN12，闪光覆盖范围约为17毫米镜头视角

内置麦克风

开启摄像功能时，声音会通过内置麦克风以单声道格式记录

快门按钮

默认情况下，半按快门可以实现自动对焦和自动测光，而完全按下快门则可以完成拍摄

副指令拨盘

用于调整与拍摄相关的设置

手柄/电池仓

手柄采用大面积防滑设计，具有优良的握持感

Fn按钮

可以将这一按钮设定成所需功能的快捷键

反光镜

反光镜可以将从镜头射入的光线反射进相机中的五棱镜，然后可通过五棱镜后的取景器观察到镜头中的影像了

闪光同步端子/10针遥控端子

镜头释放按钮

按下此按钮并向顺时针方向旋转镜头，即可将镜头卸下

景深预视按钮

在待机情况下，相机都会把光圈开到最大，保证足够的光线进入取景器，从而方便用户取景，但这并不是真正的景深效果。按下此按钮后，相机将收缩光圈至设定值，用户此时可以看到真实的景深效果

2.2 机身背面

主拨盘
可单独或与其他按钮配合使用，调整多项参数

屈光度调节旋钮
调整目镜屈光度，使目视效果更清晰

测光选择器
用于选择相应的测光模式

AE/AF锁定按钮
用于锁定自动对焦及自动测光

取景器目镜
拍摄时可以通过它观察拍摄对象和构图

自动对焦启动按钮
按下此按钮，相机会以当前的自动对焦模式进行自动对焦操作

多重选择器
由8个方向的按键感应器和1个中央按键感应器组成。通过此按钮可以执行选择自动对焦点等相关操作

多重选择器锁

实时取景选择器
在实时取景状态下，利用此选择器可在拍摄静态图像与拍摄动态图像之间进行切换

信息按钮
在回放状态下，按下此按钮可以切换图像的显示方式；在拍摄状态下，按下此按钮将会显现现相机的实时拍摄功能界面

实时取景按钮
按下此按钮，即可开启相机的实时取景功能

扬声器

机背液晶显示屏

OK按钮
按下此按钮，可以最终确认所设定的菜单选项

回放按钮
按下此按钮，即可进入回放模式，再次按下此按钮则可退出回放模式

删除按钮
按下此按钮可以逐个或者批量删除所拍摄的照片文件

菜单按钮
显示和退出菜单，配合多重选择器可以进行各项菜单设置

保护按钮/帮助按钮/图片控制按钮
按下此按钮，可以将当前所显示的照片保护起来，以避免错误删除

放大按钮
在照片回放模式下，按下此按钮可以将照片放大

缩小/缩略图按钮
在照片回放模式下，按下此按钮可以将照片缩小，直至以缩略图的方式进行显示

2.3 机身侧面

外接麦克风端子
通过此端子可连接外置麦克风,进行立体声录制

USB接口
用于连接电脑

耳机端子
通过此端子可以连接耳机,在拍摄视频时能够实现同步监听

自动对焦模式按钮
按下此按钮,同时转动主拨盘,即可设置相应的自动对焦模式;按住此按钮,同时转动副拨盘,即可设置相应的自动对焦区域选择模式

HDMI mini输出端子
通过此端子和HDMI数据线可以将相机链接至HD高清电视机上观看图像和短片,在连接或断开相机和电视机之间的连接线前,需先关闭相机和电视机

双存储卡插槽

D800采用能够同时插入CF卡和SD卡的双存储卡插槽。其中，CF
存储卡插槽与最新的UDMA 7兼容。SD卡插槽与SDXC和UHS-I兼
容。在实际拍摄中，可以同时使用两张卡以实现众多功能，比如
分别在两张卡中记录RAW和JPEG文件，或者同时在两张卡上记录
相同的数据以进行备份等。

2.4 机身顶部

视频录制按钮
在视频拍摄状态下，按下此按钮，即可进行视频录制，再次按下此按钮，即可停止视频录制

图像质量按钮
按下此按钮，即可对图像质量进行调整

驱动模式转盘锁定释放按钮

白平衡按钮
按下此按钮，即可对白平衡进行调整

ISO感光度按钮
按下此按钮，即可对感光度进行调整

包围按钮
按下此按钮，即可进行包围曝光的相关设置

热靴插槽
用于外接与热靴触点相合的外接闪光灯，也可用于外接其他附件

电源开关
向右拨动即可开启电源，若继续向右拨动则可以点亮第二液晶屏的照明灯

曝光补偿按钮
在P/A/S3种曝光模式下，按下此按钮，可以设置相应的曝光补偿量

曝光模式按钮
按下此按钮，同时转动主指令拨盘，即可在P/A/S/M这4种曝光模式中进行切换

液晶显示屏
用于显示与拍摄相关的参数

2.5 机身底部

三脚架接孔
通过此接孔可将相
机固定在三脚架上

电池仓
当需要安装电池时，首
先拨动电池仓门上的释
放杆打开电池仓门，然
后按照仓门背面示意图
所指示的方向推入电
池，直至锁定到位，最
后关上电池仓门即可。

2.6 取景器内部

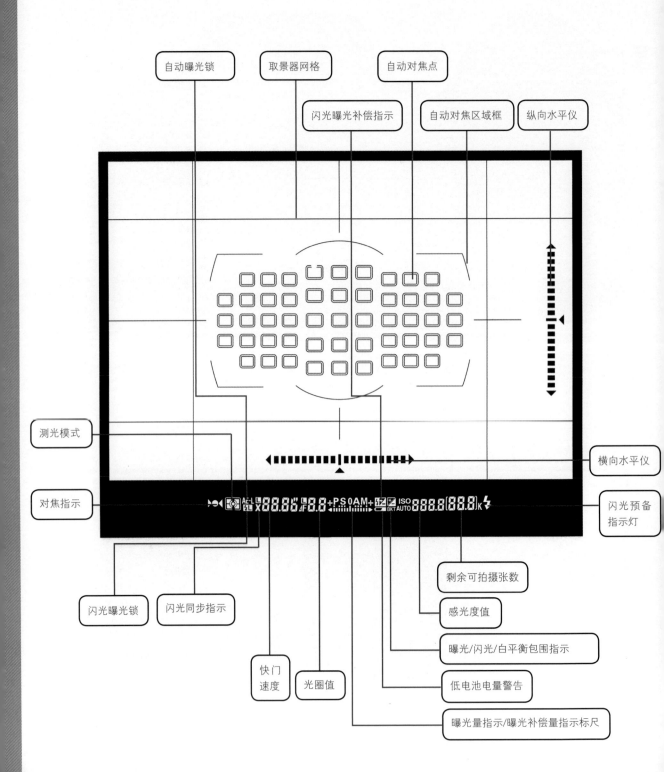

2.7 肩屏

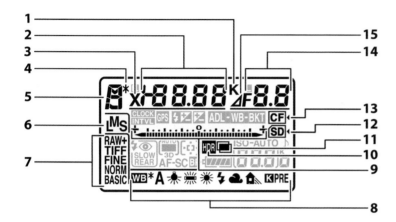

1. 色温指示
2. 快门速度/曝光补偿值/闪光补偿值/白平衡微调/色温/白平衡预设值/包围序列中的拍摄张数/间隔拍摄的间隔数/焦距（针对手动镜头）
3. 闪光同步指示
4. 弹性程序指示
5. 曝光模式
6. 图像尺寸
7. 图像品质
8. 白平衡模式
9. 曝光量指示/曝光补偿量指示标尺
10. HDR指示
11. 多重曝光指示
12. SD卡指示
13. CF卡指示
14. 光圈/曝光包围增量/每一间隔的拍摄张数/最大光圈（针对手动镜头）/PC模式指示
15. 光圈指示

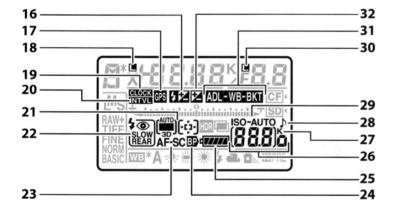

16. 闪光补偿指示
17. GPS连接指示
18. 快门速度锁定图标
19. "时钟未设定"指示
20. 时区指示
21. 自动区域AF指示/AF区域模式指示/3D跟踪指示
22. 闪光模式
23. 自动对焦模式
24. MB-D12电池指示
25. 电池电量指示
26. 剩余可拍摄张数/内存缓冲区被占满之前的剩余可拍摄张数/拍摄模式指示/ISO感光度/预设白平衡记录指示/手动镜头编号
27. K（当剩余存储空间足够拍摄在1000张以上时出现）
28. "蜂鸣音"指示
29. ISO感光度指示/自动ISO感光度指示
30. 光圈锁定图标
31. 曝光和闪光包围指示/白平衡包围指示/动态D-Lighting包围指示
32. 曝光补偿指示

第3章
尼康D800新手
必读的摄影基础知识

3.1 像素与照片尺寸

　　"像素"（Pixel）是构成数码影像的最小单位。当把所拍摄的数码照片在电脑上放大到最大时，显现出来的是一个个带有颜色的小方格，类似于人们俗称的"马赛克"，而其中每一个小方格就是一个像素。

　　像素作为数字影像最基本的单位，是由相机中的图像传感器上的光敏元件数目所决定的。一个光敏元件对应一个像素，因此光敏元件越多，像素也就越高。

　　一般来说，相机的像素值越高，其所能够记录的影像信息也就越丰富，并且在保证画面的前提下还能够显示和打印更大尺寸的照片。而尼康D800数码单反相机所具有的3630万有效像素，则可以完全满足人们日常生活拍摄或是一般商业拍摄的冲印需求。

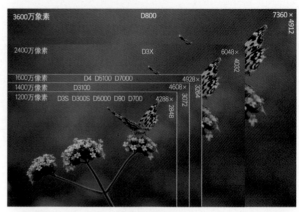

不同型号的尼康数码单反相机的像素规格

常规状态下的数码照片

将数码照片放人显示后的像素形态

不同像素下可冲印的尺寸及质量，绿色表示质量良好，黄色表示质量尚可，红色表示质量较差

相机分辨率 ＼ 照片尺寸	6寸 （10cm×15cm）	10寸 (20cm×25cm)	12寸 (25cm×30cm)	20寸 (40cm×50cm)	30寸 (60cm×76cm)
500万像素 （2560×1920像素点）					
800万像素 （3456×2304像素点）					
1000万像素 （3872×2592像素点）					
2000万像素 （5616×3744像素点）					
3600万像素 （7360×4912像素点）					

3.2 常用的照片格式：RAW与JPEG

所谓照片格式，就是数码照片存放在数字存储设备上时所采用的格式。最常用的有JPEG和RAW两种格式。

JPEG格式是人们在平时拍摄过程中使用较多的一种图像存储格式。采用JPEG格式存储的图像文件具有占用空间小、存储快、浏览方便、兼容性强等特点。但是，JPEG格式是一种有损压缩的格式，它会将图像中重复或不重要的数据予以合并，这样就会使图像的质量受到一定的损伤。因此，这种照片格式主要应用于分享照片。

RAW格式是一种通过图像传感器上的原始数据信息来记录图像的照片存储格式。它的性质类似于拍摄完成后未经冲洗的底片，所以人们又称其为"数字底片"。RAW格式的优点在于其有着较为广泛的后期调整空间，而且在后期调整过程中并不会使原始图像受到损伤。不过，RAW格式也存在着占用空间大、后期软件兼容性差等缺点。因此，RAW格式主要应用于对照片质量有严格要求的专业摄影领域。

未经调整的**RAW**格式照片

调整白平衡后的**RAW**格式照片，照片中的色彩得到了有效地还原

使用JPEG格式存储图片方便快捷，但图像质量会受到一定的损伤

使用**RAW**格式存储照片会占用较大的存储空间，但是却可以保留更为完整的图形信息和图像细节

3.3 焦距

　　光学系统中的焦距是指从透镜的光心到光聚集之焦点的距离。而在数码单反相机当中，焦距实际上指的就是从镜头镜片中心到感光元件成像平面之间的距离。

　　不同焦距所具有的视角也是不一样的。在相同的成像面积下，焦距越短，其视角就越大；反之，焦距越长，其视角就越小。

　　所谓视角，就是一定焦距下所能呈现出来的画面视野范围。因此，利用短焦距下的较大视角，可以使我们拍摄出更宽范围的影像；而利用长焦距下较小的视角，则可以使我们拍摄出更窄范围的影像。

　　对于尼康D800数码单反相机来说，由于其属于全画幅数码单反相机，因此在在使用镜头时，不用像APS-C画幅相机那样将镜头上的焦距乘以一个焦距换算系数，以得到等效于135规格的实际镜头焦距。这样就可以充分发挥出短焦距镜头所具有的的宽广视角，并且也能使拍摄者在实际拍摄过程中对于焦距的把握更加直观和便利。

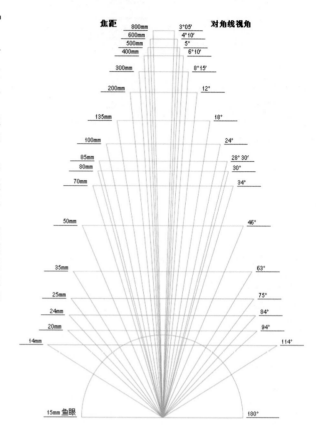

焦距与视角关系示意图

28毫米焦距视野效果

70毫米焦距视野效果

150毫米焦距视野效果

400毫米焦距视野效果

180mm ✳ f/4 ▨ 1/1600s ISO 100

在拍摄蝴蝶时，180mm的长焦不仅可以将远处
的蝴蝶主体拉近呈现在画面之中，而且还可以起
到虚化背景、突出主体的作用

3.4 光圈

　　光圈，就是镜头内部由若干金属薄片所构成的一个可调节大小的圆孔通过调节光圈圆孔的大小，可以控制到达相机感光元件的光量。

　　在实际拍摄中，我们所说的光圈大小，通常是由一系列标定的f/（或者F）值来表示。在尼康D800中常用的光圈值为：f/2、f/2.8、f/4.0、f/5.6、f/8.0、f/11、f/16等。

　　这里我们还需要知道的一点是，f/后面的数字越小，代表着光圈越大，也就是相机可以获得更多的进光量，反之亦然。比如f/2.8的光圈就要比f/4.0的光圈大。而每一级光圈数值间的进光量为倍数关系，如前所述的f/2.8的光圈就要比f/4.0的光圈多出一倍的进光量。

　　通过控制光圈的大小，就可以控制最终的曝光效果。光圈越大，单位时间内的曝光量就越多，图像就会显得越亮；光圈越小，单位时间内的曝光量就越少，图像就会显得越暗。

　　除了影响着图像的明暗程度以外，使用不同光圈所拍摄出来的照片画质也会有所差异。一般来说，在同一款镜头的各挡光圈中，都会有一挡光圈的画质表现优于其他挡

位，而这挡光圈就是所谓的最佳光圈。根据镜头光圈设计的不同，最佳光圈的挡位也有所不同。一般来说，最佳光圈较多地位于镜头光圈级数的中间位置，如f/5.6、f/8、f/11。因此，为了能够获得最佳的图像质量，我们可以尽量选用最佳光圈进行拍摄。

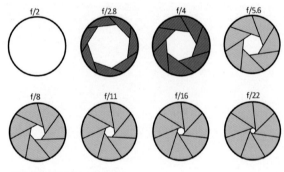

不同光圈值下光圈大小示意图

在其他条件不变的情况下，使用f/4光圈拍摄，画面效果较为明亮

在其他条件不变的情况下，使用f/11光圈拍摄，画面效果较为昏暗

当光圈设置为所使用镜头的最大光圈时，所拍摄的照片的明暗交界处（画面中相机闪光灯的边缘），出现了难看的紫边

当光圈设置为所使用相机的最佳光圈f/8时，所拍摄照片的紫边问题得到了明显地改善，同时照片的整体锐度也有所提升

85mm　f/2　1/2500s　ISO 100

在人像摄影中，光圈的设定除了可以影响曝光与成像质量以外，还影响着背景的虚化程度，在其他条件不变的情况下，光圈越大，背景的虚化效果也就越明显

3.5　景深

简单来说，景深指的就是画面中从近处到远处的可视清晰范围。在一张具有较大景深的照片中，无论是主体还是前景、背景都清晰可见。而在一张具有较小景深的照片中，往往只有焦点所在的焦平面区域是清晰的，而前后景则都呈现出虚化的效果。

景深对于摄影具有着非常重要的意义。比如我们在拍摄人像时，就可以通过较小的景深来虚化背景，从而使人物主体在画面中更加突出。而在拍摄风光时，则可以通过较大的景深，展现出更多的风光细节。

在实际拍摄过程中，光圈、焦距、拍摄距离这3个要素会共同作用于景深。光圈、焦距、拍摄距离与景深之间的关系，有以下规律。

1. 在相同的焦距和拍摄距离下，光圈越大景深越小；光圈越小，景深越大。

2. 在相同的光圈和拍摄距离下，焦距越长景深越小；焦距越短，景深越大。

3. 在相同的光圈和焦距下，拍摄距离越近景深越小；拍摄距离越远，景深越大。

大景深

小景深

大景深和小景深的可视清晰范围对比

在其他条件不变的的情况下，使用f/2光圈所获得的景深要比使用和f/16光圈所获得的景深小

在其他条件不变的的情况下，使用100mm焦距所获得的景深要比使用和28mm焦距所获得的景深小

在其他条件不变的的情况下，以50cm较近拍摄距离所获得的景深要比和100cm较远拍摄距离所获得的景深小

3.6 快门速度

若是把光线比喻成水流的话，那么光圈就相当于水管的口径，而快门就相当于控制流水时间长短的水龙头。

快门作为一种在相机上用来控制感光元件有效曝光时间的装置，通过调节其在一次开启与关闭之间的时间长短，就可以控制到达感光元件的光量，进而影响最终的曝光效果。

对于专业级别的尼康D800来说，其具有1/8000～30秒（以1/3、1/2 或1EV 为步长进行微调）的常规快门速度设置范围，以及能够进行任意时长曝光拍摄的B门和高达1/250秒至1/320秒的闪光同步快门速度(X250)。

通常，在其他条件不变的情况下，快门速度越快，进入相机的光线就越少；快门速度越慢，进入相机的光线就越多。同时，每一挡快门之间都会相差一倍的曝光量。例如在其他条件不变的情况下，采用1/100秒的快门速度就比采用1/200秒的快门速度多出一倍的曝光量。

快门部件示意图

快门的作用有两方面，一方面是能够改变画面的明暗程度。比如在光线较弱的环境中拍摄时，使用较慢的快门速度延长曝光时间，可以令画面变得更为明亮。

另一方面，不同的快门速度也可用于抓拍物体快速运动的瞬间或者记录物体的运动轨迹。例如，拍摄高速飞奔的列车、飞溅的浪花，就可以使用高速快门将它们的运动瞬间记录下来；而拍摄焰火、流水等时，则可以使用低速快门，使它们呈现出连贯如丝的视觉效果。

◎ 200mm ❀ f/4 ▨ 1/1000s ISO 100

1/1000秒的高速快门可以将水中天鹅的游动瞬间凝固下来

◎ 90mm ❀ f/11 ▨ 5s ISO 100

5秒的慢速快门可以记录下烟花的绽放轨迹

这里还有一个需要注意的问题就是安全快门速度。所谓安全快门，指在手持相机进行拍摄时，能够保证画面清晰的最慢快门速度。而如果拍摄者在手持拍摄时，所使用的快门速度慢于相应的安全快门的话，那么就极易出现由于相机震动所导致的画面模糊问题。

由于在拍摄时没有使用安全快门，所拍摄出来的照片有些模糊

安全快门的计算方法很简单，其大致等于拍摄时所用焦距的倒数。比方说，在使用100mm焦距进行拍摄时，安全快门速度就应为1/100秒。而在实际拍摄中，为了保守起见，拍摄者应该至少选择比所计算出的安全快门略快的快门速度进行手持拍摄。

由于在拍摄时使用了比安全快门还要快的快门速度，所拍摄的照片显得锐利、清晰

3.7　测光

所谓测光，指在拍摄时为了获得正确的曝光，先对拍摄对象的光线状况进行侦测后，方能确定使用怎样的曝光参数进行拍摄。

对于尼康D800数码单反相机来说，其所具有的测光模式主要有3种，分别为矩阵测光、中央重点平均测光、点测光。

矩阵测光就是对整个场景进行测光，然后相机会根据整个场景的光照情况，计算出正确曝光所需的曝光值。

通过使用矩阵测光模式进行拍摄，可以使画面的整体曝光较为均衡。即使是对曝光技巧还不太熟悉的初学者，也能够利用这一测光模式拍摄出曝光较为准确的照片。

在尼康D800中，矩阵测光又被细分为适用于尼康G型和D型镜头的3D彩色矩阵测光Ⅲ和适用于其他CPU镜头的彩色矩阵测光Ⅲ 两种。

中央重点测光是对处在取景器中央的景物亮度进行有针对性的测光，并且还会参考整个场景的亮度水平。

通过使用中央重点测光模式进行测光拍摄，能够在优先确保画面中心主体曝光正常的同时，兼顾到周围环境的光线状况。因此，这种测光方式很适合用来拍摄被摄主体处于画面中心位置的照片。

点测光是针对画面中的主体或场景中的某个特定点进行测光的测光方式。尼康D800的点测光感应器位于取景器的正中央，其测光范围约占整个取景面积的1.5%。

在使用点测光进行测光拍摄时，其测光结果仅仅依据测光点所处位置的亮度状况而定，因此点测光方式通常也是受环境因素影像最少、并且最为灵活的测光方式。

将机身上的测光选择器拨到 ▣ 一端，即可将相机的测光模式设置为矩阵测光。

将机身上的测光选择器拨到 ◉ 一端，即可将相机的测光模式设置为中央重点测光。

将机身上的测光选择器拨到 ● 一端，即可将相机的测光模式设置为点测光。

使用矩阵测光能够获得更为均衡的曝光效果

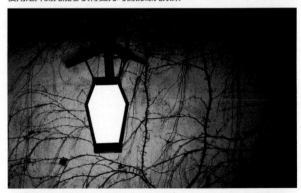

使用中央重点测光能够使画面中央的景物曝光正常，同时还可兼顾到周围环境的光线状况

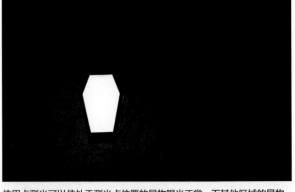

使用点测光可以使处于测光点位置的景物曝光正常，而其他区域的景物亮度则不予考虑

40mm f/16 1/80s ISO 100

在拍摄日落风光时，通过采用点测光模式针对明亮的天空进行测光拍摄，可以将本就处于暗部的景物进一步压暗，从而拍摄出颇具艺术感染力的剪影效果

3.8 对焦

将焦点对在哪里，通常会决定所拍摄的画面中哪里清晰、哪里模糊。尤其是在使用较小的景深进行拍摄时，对焦的准确与否，直接决定了拍摄者所要突出表现的主体在画面中是否清晰。

当我们在使用尼康D800数码单反相机时，除了可以采用传统的转动镜头对焦环的方式进行手动对焦以外，还可以使用先进的自动对焦模式进行对焦拍摄。

尼康D800数码单反相机的自动对焦模式主要分为单次伺服自动对焦（AF-S）和连续伺服自动对焦（AF-C）两种。

单次伺服自动对焦，就是在一次半按快门按钮的过程中，相机只能进行一次对焦操作，即使变换镜头角度和拍摄对象，相机也不再重新进行对焦。由于具有这样的特点，单次自动对焦更适合拍摄如静物、花卉、风光、建筑等静止的景物。

连续伺服自动对焦，就是只要保持半按快门按钮，相机就将会对运动中的景物进行连续的自动对焦。因此，这种对焦模式更适合拍摄不断变化位置的运动主体，在体育摄影、儿童摄影、动物摄影中会被较多地使用到。

◎ 300mm ✳ f/5.3 ▦ 1/125s ISO 200

使用连续伺服自动对焦跟踪拍摄高速运动中的赛车，可以将赛车的动感瞬间捕捉下来

◎ 90mm ✳ f/2.8 ▦ 1/2000s ISO 100

在使用单次自动对焦拍摄静止的花卉时，只有当对焦完成后，相机才能够开启快门进行拍摄，这样就可以保证每次对焦拍摄的成功率

3.9 色温与白平衡

我们可以把色温简单地理解为以温度来度量光的颜色。色温的单位是"开尔文"，用英文缩写为"K"。对于色温，我们需要记住以下规律。

色温越高，光的颜色越偏蓝；色温越低，光的颜色越偏红。当某一种色光比其他色光的色温高时，说明该色光比其他色光偏蓝，反之则偏红；当某一种色光比其他色光偏蓝时，说明该色光的色温偏高，反之则偏低。

在不同色温的光线条件下，景物会出现不同程度的偏色情况，人的眼睛和大脑可以针对不同的偏色情况，自动分析出景物本来的色彩。相比之下，数码相机对于色偏的调整就显得有些笨拙了，而解决的办法就是白平衡。所谓白平衡，是指通过使场景中的白色还原准确，以此来平衡其他色彩，从而还原出场景中所有景物应有的色彩。

尼康D800数码单反相机中的白平衡模式大体可以分为自动白平衡、预设白平衡、手动预设白平衡3种。

作为平时使用频率较高的自动白平衡，其最大的优点就是方便、快捷。

预设白平衡按照所针对的光源种类，分为晴天、阴天、白炽灯、荧光灯（7种类型）、闪光灯等不同的白平衡模式。我们只需依据所在场景的光线状况选择相应的预设模式即可。另外，D800还支持色温调节的功能，我们可以根据所在场景的色温，在2500～10000k的范围内选择相应的色温值进行拍摄。

而在使用手动预设白平衡时，我们只需将中灰色或白色的物体放置在用于拍摄最终照片的光线下，相机便可自行设定相应的白平衡，以准确还原场景中景物的真实色彩。除此之外，在使用这种白平衡模式时，我们还可以从相机内现有的照片中选择相应的照片，然后直接将其白平衡设置应用于下面即将拍摄的照片中。

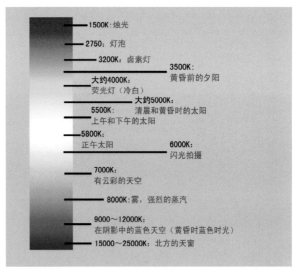

不同场景中的色温值

不同色温值下的色彩表现示意图

自动白平衡

日光白平衡

阴天白平衡

闪光灯白平衡

白色荧光灯白平衡

钨丝灯白平衡

3.10 感光度

对于数码单反相机来说，所谓感光度指的就是相机内部的感光元件CCD或CMOS感应入射光线的能力。

感光度越高，感光元件的感光能力越强，感光速度也就越快。感光度越低，感光元件的感光能力越弱，感光速度也就越慢。

一般以ISO数值来表示感光度的高低。感光度之间的数值相差1倍，就表示其所能够得到的曝光量相差1倍，比如使用ISO 200所能够得到的曝光量是ISO 100的两倍。因此，在光线较为昏暗的条件下拍摄时，我们可以通过提高感光度的方法来获得更多的曝光。

对于尼康D800数码单反相机来说，其能够以1/3、1/2或1倍曝光量为步长在ISO 100~ISO 6400 之间进行微调。并且，最低可扩展至ISO 50，最高可扩展至ISO 25600。

这里需要注意的是，感光度的设定一定要适度。这主要是因为在使用较高的感光度进行拍摄时，图像上会出现密密麻麻的噪点。使用相机液晶显示屏进行回看，也许还注意不到噪点的存在，但若是使用电脑显示屏将图像放大查看的话，就会看到较为明显的噪点了。

除了噪点以外，随着数码单反相机感光度设置的提高，所拍摄照片的清晰度以及色彩饱和度也会有所下降，而且还可能会出现偏色的情况。通常，感光度设置得越高，所受影响的程度就会越大。因此，感光度的提高一定要慎之又慎，以免对最终图像质量造成不必要的损伤。

值得一提的是，随着技术的不断提高，尼康D800数码单反相机在高感光度下的画面质量，相比过去已经有了很大的提升。而且，我们还可以通过开启相机内部的高感光度降噪等功能，来尽可能抑制高感光度对图像所产生的不良影响。

尼康D800不同感光度下的曝光效果对比

感光度为ISO 100时的曝光效果

感光度为ISO 6400时的曝光效果

感光度为ISO 25600时的曝光效果

尼康D800不同感光度下的噪点状况对比

感光度为ISO 100时的噪点状况

感光度为ISO 400时的噪点状况

感光度为ISO 1600时的噪点状况

感光度为ISO 6400时的噪点状况

感光度为ISO 12800时的噪点状况

感光度为ISO 25600时的噪点状况

70mm　f/13　2s　ISO 100

在光线较弱的夜景环境中拍摄时，为了保证
最终的成像质量，最好设置较低的感光度，
然后在保持相机稳定的前提下，通过使用慢
速快门来获得充足的曝光

第4章
尼康D800精选镜头与配件搭配

4.1　尼康原厂镜头的命名规则

　　众所周知，尼康经过几十年的发展，旗下已经具备了十分完善的镜头生产体系。通过了解尼康镜头的命名规则，可以使我们更加自如地为D800选配镜头。下面就以AF Zoom Nikkor ED 18-35mm f/3.5-4.5D(IF)这款镜头为例，为大家介绍一下尼康镜头上的参数所代表的含义。

　　AF：Auto Focus的缩写，表示该镜头支持自动对焦。而AF-S则代表具有镜头超声波对焦马达。

　　Zoom:表示该镜头为变焦镜头。

　　Nikkor：尼康镜头的名称，中文译为"尼克尔"。

　　ED：Extra-low Dispersion的缩写，代表该镜头具有超低色散镜片，能够最大程度上抑制色散的产生，从而保证画面的纯净度与解析度。

　　18-35mm：指的是镜头的焦距范围。

　　f/3.5-4.5：表示从广角端到长焦端的最大光圈值。

　　D：D型镜头是指那些带有光圈环，并具有Distance 焦点距离数据传递技术的镜头。目前D型镜头的地位正逐步被没有光圈调节环的G型镜头所取代。

例：AFZoomNikkorED18-35mmf/3.5-4.5D(IF)
　　①　②　③　④　⑤　⑥　⑦　⑧

　　IF：Internal Focusing的缩写。表示该镜头采用内对焦技术，在对焦时镜头长度保持不变，且镜头前部不旋转，便于人们使用偏振镜等滤镜。

4.2　尼康副厂镜头的命名体系和技术特点

　　除了原厂镜头以外，有些副厂镜头的光学素质也是相当不错的。而且与原厂镜头相比，副厂镜头大多具有较高的性价比。下面就以三大副厂（适马、腾龙、图丽）的代表镜头为例，为大家介绍一下副厂镜头上的参数所代表的含义。

适马镜头：

　　APO:代表该镜头拥有超低色散(SLD)镜片以及特级低色散(ELD)镜片，一般较多地应用在长焦镜头中。

　　70-200mm：表示该镜头所拥有的焦段。

　　f/2.8：表示该镜头的最大光圈值。

　　EX：代表该镜头为适马专业级镜头。

　　DG：表示该镜头是针对数码单反相机的数码特性进行优化设计的镜头。

　　OS：表示该镜头具备光学防抖系统。

　　HSM：表示该镜头装配有超声波对焦马达。

腾龙镜头：

　　AF：表示该镜头支持自动对焦。

　　18-200mm：表示该镜头所拥有的焦段。

　　f/3.5-5.6：表示该镜头从广角端到长焦端的最大光圈值。

　　XR:表示该镜头采用了高折射率镜片，通过采用高折射率镜片，能够有效地缩小镜头体积和重量。

　　Di II：表示该镜头是专为APS-C画幅数码单反所设计的小像场镜头。

　　LD：表示该镜头拥有低色散镜片。

　　Aspherical：表示该镜头拥有非球面镜片。

　　〔IF〕:表示该镜头采用内对焦技术。

　　MACRO：表示该镜头支持微距功能。

图丽镜头：

　　AT-X：表示该镜头是采用先进技术的新一代镜头。

　　16-28mm：表示该镜头所拥有的焦段。

　　f/2.8：表示该镜头的最大光圈值。

　　PRO：代表该镜头为图丽的专业级镜头。

　　FX：表示该镜头是专为全画幅数码单反相机设计的。除此之外还有专为APS-C画幅设计的DX镜头。

例：适合 APO 70-20mm f/2.8 EX DG OS HSM
　①　　②　　③　　④

例：腾龙 AF18-200mmf/3.5-6.3 XR DiII LD Aspherical〔IF〕MACRO
　①　　②　　③　　④

例：图丽 AT-X 16—28mm f/2.8 PRO FX
　①　　②　　③　　④

4.3 D800高性能原厂镜头配套方案

原厂广角镜头: AF-S NIKKOR 17-35mm f/2.8 IF ED

作为尼康原厂的顶级广角变焦镜头,这款镜头也被公认为是素质最为优秀的广角变焦镜头之一,许多影友都尊称其为"金广角"。

这款镜头搭载了SWM超声波对焦马达,能够实现顺滑流畅的对焦操作。同时,由于采用了2片ED镜片以及3片非球面镜片,因而其在广角端的画质表现可圈可点。

基于以上这些特性,对于那些热衷于风光摄影的尼康D800用户来说,可以考虑选购这款镜头。

尼康AF-S NIKKOR 17-35mm f/2.8IF ED 广角镜头

提示:

广角镜头所呈现的视角要比同等条件下人眼的视角更加广阔。而且,使用广角镜头可以在画面中表现出更大的清晰范围。此外,广角镜头还可以夸张景物间的透视关系,为所拍摄的照片带来更强的视觉冲击力。

📷 18mm ✳️ f/16 〰️ 1/100s ISO 100

在风光摄影中,这款镜头的使用能够在保证高画质的同时,更好地展现出所拍摄风光的广阔、壮丽

原厂标准变焦镜头: AF-S NIKKOR 24-70mm f/2.8G ED

作为尼康镜头"三剑客"的核心产品,这款镜头无论是做工用料还是成像质量方面,都可算是尼康新一代专业级标准变焦镜头的王者。

相较于之前的镜头,这款镜头改进了光学计算公式,其锐度、对比度和色彩表现都更为出色,可以给用户带来全面提升的图像品质。因此,这款镜头很适合用来作为尼康D800的平日挂机镜头。

尼康AF-S NIKKOR 24-70mm f/2.8G ED 标准变焦镜头

提示:

标准镜头所呈现出的视觉效果比较接近人眼的视觉效果,在拍摄景物时的透视变形和压缩都不会太过夸张,显得比较亲切、自然。因此,标准镜头能够适应多种拍摄题材,基本上可以满足人们的日常拍摄需要。

📷 50mm ✳️ f/4 〰️ 1/800s ISO 100

在拍摄人像照片时,这款标准变焦镜头的使用可以使画面中的人物显得更加亲切、自然

原厂长焦镜头：AF 80-200mm f/2.8D ED

作为一款高性能的长变焦镜头，这款镜头也被影友们亲切地称为"小钢炮"。

这款镜头使用了3片ED镜片，有效减轻了在使用长焦端拍摄时的色散问题。同时，由于能够在整个焦段范围内保持f/2.8的最大光圈，因而使其具有更加卓越的场景适应能力。在实际拍摄中，这款镜头的成像足够锐利，对焦也比较迅速。

值得一提的是，这款镜头与机身较为厚实的D800搭配起来也是十分的协调，并且操控手感绝佳。

尼康AF-S NIKKOR 80-200mm f/2.8D ED 长焦镜头

提示：

由于长焦镜头可以将较远的景物拉近至眼前，并且能够在视觉上缩短画面近景与远景之间的距离，因而其具有压缩景物透视关系的作用。同时，通过长焦镜头所具有的较长焦距还可以制造出大范围的背景虚化效果，从而使被摄主体在画面中更加突出。

◎ 200mm　✳ f/5.6　▨ 1/640s　ISO 100

在拍摄天鹅时，通过使用这款长焦镜头，能够将较远位置的天鹅拉近呈现在画面之中，如此便可使其在不受任何干扰的情况下被拍摄下来，同时，长达200毫米的焦距还能够制造出明显的背景虚化效果，从而可以使天鹅主体在画面中显得更加突出

原厂定焦镜头：AF 85mm f/1.4D IF

这款镜头具备f/1.4的最大光圈值，同时其采用了圆形光圈的设计，可以取得更加美妙的背景虚化效果。

而且，由于采用了尼康内对焦（IF）方式，不仅使其具有着较快的对焦速度，而且在使用外加滤镜时也非常的方便。

此外，定焦镜头由于其本来就具有着优于同档次变焦镜头的成像品质，因而这款镜头和以高画质见长的尼康D800也可谓是相得益彰。

提示：

由于定焦镜头的设计结构相对简单，因此在制造定焦镜头时，生产厂商可以把更多的精力和成本投入到提高其成像质量上面。

基于这样的原因，定焦镜头的成像质量往往要优于变焦镜头。同时，定焦镜头还具有光圈大、体积小、重量轻、最近对焦距离近等特性。

尼康 AF NIKKOR 85mm f/1.4D IF 定焦镜头

◎ 85mm ✳ f/2.8 〰 1/320s ISO 100

这款定焦镜头所具有的细腻的画质表现，以及大光圈的强大虚化能力，使其十分适合用来拍摄人像题材的照片

原厂微距镜头：AF-S NIKKOR MIRCO 105mm f/2.8G IF ED VR

这款微距镜头是世界上首款带有尼康宁静波动马达（SWM)和镜头防抖(VR)技术的微距镜头。其中，宁静波动马达可以实现更加安静、高速的自动对焦操作，而镜头防抖技术则可以保证手持拍摄时也能够获得较为清晰、锐利的画面效果。

在尼康D800上使用这款微距镜头时，105毫米的焦段尤其适合拍摄昆虫题材的微距作品，足够长的焦距可以保证在不惊扰到昆虫的前提下对其进行拍摄。

提示：

微距镜头通常具有高分辨率、高反差、低像差以及色彩还原准确等特点。通过使用微距镜头进行拍摄，可以在画面中更为清晰地呈现出拍摄对象的细节和质地。而且，为了能够拍摄微小的物体，微距镜头还拥有着比其他种类镜头都要强的近摄能力和较高的放大倍率。

尼康 AF-S NIKKOR MICRO 105mm f/2.8G IF ED VR微距镜头

105mm f/2.8 1/160s ISO 200

在使用这款微距镜头拍摄花卉时，即使是花卉上的微小水珠，也能够清晰地呈现在画面之中

4.4 D800高性价比副厂镜头配套方案

副厂广角镜头: 图丽AT-X 16-28mm f/2.8 PRO FX

　　这款镜头采用了适合尼康D800机身使用的超广角全画幅的尺寸设计,其前组镜片非常大而且比较突出,并且图丽为这款镜头在前组和后组分别设计了两枚非球面镜,以减轻广角端的镜头畸变。

　　此外,这款镜头还专门设计了全新的AF对焦系统以及SD-M安静驱动模块,可以保证更为准确的对焦精度以及更为安静的对焦声音。

图丽　AT-X 16-28mm　f/2.8 PRO FX 广角镜头

16mm　　f/11　　1/80s　　ISO 100

这款镜头充分发挥了尼康D800全画幅相机的视野优势,在拍摄大场景的建筑风光照片时,可以提供十分震撼的视觉效果

副厂标准变焦镜头：适马24-70mm f/2.8 IF EX DG HSM

这款镜头采用了全新的结构设计，内置一片低色散ELD镜片、2片SLD以及3片ASP镜片，镜片配置可谓十分豪华，这样就可以有效修正色差和色散现象，对各种球形相差也有着良好的矫正能力。

同时，该镜头还采用了最新的SML超级多层镀膜，有效减少了眩光、鬼影等现象的产生，令色彩还原更加真实，成像效果更加明锐清晰。

此外，9片圆形光圈叶片的设计，也使得这款镜头的焦外成像效果圆润、和谐。

综上所述，尼康D800用户可以将这款镜头作为替代原厂标准变焦镜头的副厂镜头首选。

适马 24-70mm f/2.8 IF EX DG HSM 标准变焦镜头

50mm f/2.8
1/1000s ISO 100

在纪实摄影中，这款镜头所具有的标准焦段可以以更加真实的方式还原当时的情境

副厂长焦镜头：适马APO 70-200mm f/2.8 EX DG OS HSM(lp)

这款镜头除了拥有HSM超声波马达以外，相比之前的适马长焦镜头来说，其最大的改进就在于加入了OS防抖功能，可以有效缓解手持拍摄时的画面不稳定现象。

另外，适马最新开发的FLD人工萤石镜片的加入，也让这款镜头的画质表现得到了明显的提升。

价格不到原厂同规格镜头的2/3，而在成像素质与操控性上又极为接近原厂产品，极高的性价比应该是这款镜头能够吸引尼康D800用户的最大杀手锏。

适马 70-200mm f/2.8 EX DG OS HSM 长焦镜头

160mm f/2.8
1/1250s ISO 100

超声波马达和镜头防抖的配置，使得这款长焦镜头能够更加游刃有余地拍摄好动的宠物

副厂定焦镜头：适马50mm f/1.4 EX DG HSM

作为一只可圈可点的副厂定焦镜头，巨大的镜片口径（77毫米），保证了从中心到边缘都令人满意的分辨率，而特殊镀膜、特殊镜片及超声波马达的应用则使得这款镜头在各个方面的表现都十分优异。尤其是在逆光环境下拍摄时，这款镜头的紫边抑制能力更是让人惊喜。

从价格上来说，这款镜头已超过绝大多数的同级别原厂镜头，而其在画质上的表现也绝对对得起这样的高价。对于尼康D800的用户来说，这款镜头绝对堪称是50mm f/1.4这一级别镜头的最佳选择。

◎ 50mm f/2 1/1600s ISO 100

绝佳的画质表现，大光圈下极浅的景深效果，都使得这款镜头可以拍摄出更加纯真、唯美的儿童摄影作品

适马 50mm f/1.4 EX DG HSM 定焦镜头

副厂微距镜头：腾龙SP AF 90mm f/2.8 Di MICRO

　　这款被人们称为"90微"的定焦镜头是腾龙镜头阵营中最具声誉的一支。远低于原厂微距镜头的价格，以及极为出色的成像品质，都使得其完全可以称得上是最具性价比的微距镜头之一。

　　同时，这款镜头除了出色的微距性能之外，不错的人像拍摄功能也为这款镜头加分不少。在实际使用中，不论是拍摄微距或是人像题材的照片，这款镜头都能够展现出优秀的解像力和柔美的虚化效果。

　　对于尼康D800的用户来说，选购这款镜头可以在一定程度上达到一镜两用的目的。

腾龙 SP AF 90mm f/2.8 Di MICRO 微距镜头

📷 90mm 　✳ f/2.8 　〰 1/200s 　ISO 100

这款镜头在拍摄微距花卉时所展现出的解像力和虚化效果，使其完全可以成为用户在原厂以外的高性价比副厂微距镜头首选

4.5 为D800选择滤镜

由于数码后期技术的发展，现在人们使用滤镜可能主要是用来保护镜头，而实际上针对不同的拍摄题材选择相应的滤镜，还是可以帮助拍摄者获得更好的拍摄效果。现在市面上的滤镜有很多种，究竟应该为D800选择哪些滤镜呢？下面挑选了3种最为常用的滤镜推荐给读者。

UV镜

UV镜是现在市场上保有量最大的滤镜产品，又被称为紫外线滤镜。

在胶片相机时代，光线中的紫外线会对成像造成不良影响，通过使用UV镜，就可以将光线中的紫外线过滤掉。而对于现在的数码单反相机来说，感光元件对紫外线的敏感程度并没有胶片那么高，所以UV镜主要起到保护镜头不被划伤的作用。

不过，由于UV镜对光线也有具有折射和反射的作用，因而将UV镜加在镜头前面，也会增加眩光产生的可能。所以，在选购UV镜时，要尽量选择具有防眩光镀膜的产品。

偏振镜

偏振镜，也叫偏光镜。这种滤镜的主要作用是通过过滤偏振光，来消除或减弱非金属表面的强反光。而且，在风光摄影中，使用偏振镜还能够起到压暗天空、增强画面色彩饱和度的作用。

现在市面上的偏振镜主要有两种，一种是线偏振镜（PL），一种是圆偏振镜（CPL）。这两种偏振镜的最终滤光效果大致相同。不过，PL镜加装在镜头前端时，会影响相机的测光和自动聚焦，而CPL镜则不存在这种问题。

由于偏振镜消除偏振光的效果与光源的位置有很大关系。因此，通常情况下，我们需要一边观察取景器中的画面情况，一边转动镜头上的偏振镜，待到取景画面中的反光消失。

UV镜

偏振滤光镜

[◎] 35mm [✹] f/16 [▨] 1/125s [ISO] 100

借助偏振镜拍摄风光照片，可以凸显风光场景中的蓝天白云，同时还可以有效增强画面的反差及色彩饱和度

中灰密度镜

中灰密度镜，又被称作减光镜或ND滤镜，其表面呈灰色，由一块光学玻璃制成。这种滤镜的主要作用是通过削减镜头的进光量，以达到降低快门速度的作用。

比如，想在光线充足的晴天拍摄丝状水流效果，就需要慢速快门进行拍摄。但是，即使将光圈和感光度调到最低，图像也往往会曝光过度。因此，这时就可以使用中灰密度镜来减弱进入镜头的光线。此时，就可以在保证曝光正常的同时，获得所需的画面效果。

◎ 75mm ✳ f/22 〰 2s ISO 100

通过使用中灰密度镜来削减进入镜头的光线，即使是在阳光充足的白天也能实现使用慢速快门拍摄如纱如雾的流水效果

根据削减光线能力的强弱，中灰密度镜有多种密度可供选择，如ND2、ND4、ND8（分别可延长1挡、2挡和3挡快门速度）。而ND后面的那个数字，即代表了其阻挡光线的能力。

此外，拍摄者还可以将多片中灰密度镜组合使用，这样就可以获得更强的减光效果。

中灰密度滤镜

4.6　为D800选择三脚架和快门线

三脚架和快门线是进行长时间曝光拍摄的必备附件。同时，D800的高像素也决定了哪怕是最轻微的抖动，都很可能会在最终所得到的细腻画面中体现出来。

因此，当我们在使用D800进行拍摄时，若想获得更加锐利清晰的成像效果，就需要配合使用三脚架和快门线。下面就来介绍一下如何为D800选择三脚架和快门线。

三脚架

利用三脚架来避免相机震动，所依靠就是三脚架本身的稳定性。因此在选购三脚架时，必须要考虑的就是三脚架的稳定性。

影响三脚架稳定性的因素有很多，一是三脚架本身的重量，太轻的三脚架的稳定性肯定不好，太重又不便于携带。二是三脚架脚管的节数，节数越少稳定性越好。还有就是三脚架脚管的粗细也影响着三脚架的稳定性，越粗的脚管稳定性越好，承压力也越大。

选购三脚架还需要考虑三脚架的便携性。这对于喜欢外出拍摄的人来说，显得尤为重要。不过，三脚架的便携性往往又与稳定性相互矛盾。三脚架越轻，收起长度越短，便携性也就越好，但由于材料和脚管连接间隙与截面积受到限制，稳定性自然也会受到影响。

对于拥有专业级机身的D800的用户来说，在选购三脚架时，良好的稳定性才是拍摄出高质量画面的重要保障，因此还是应将三脚架的稳定性作为首要考虑的因素。

三脚架

脚管较粗的三脚架的稳定性和承压能力要明显好于脚管较细的三脚架

快门线和遥控器

在拍摄照片时，不可避免地需要按动快门，而如果使用的是慢速的快门，那么在按动快门时就极易造成相机机身的震动，进而导致出现成像模糊的问题。为了解决这一问题，可以使用快门线来控制快门。

目前，市场上常见的快门线有机械快门线和电子快门线两种。其中，机械快门线采用的是较为传统的设计，通过其与机身快门上的螺旋孔紧密结合，以实现离机控制曝光拍摄的功能。而电子快门线则是以数据线和数据接口的形式，来实现离机控制相机的功能。

对于D800的用户来说，使用高性能的电子快门线会更加合适，一方面是因为先进的D800已不具备机械快门线的老式接口，另一方面是因为电子快门线的使用也可以让拍摄者以更加便捷的方式完成复杂的曝光操作。

此外，相对于快门线来说，无线遥控器使用起来更为灵活。无线遥控器不像快门线那样被局限在1米左右的范围内，其有效距离通常可以达到5~6米。这样一来，除了可以有效防止由于相机抖动所造成的成像模糊外，在自拍或者拍摄集体照时，使用无线遥控器也会让拍摄变得十分便利。

电子快门线

无线遥控器

4.7 为D800选择外置闪光灯

外置闪光灯在几乎所有的拍摄情况下，都要比内置闪光灯的性能更加出色。同时，外置闪光灯使用起来也更加灵活、自如。而作为购买尼康D800的用户来说，为了能够获得更好的闪光拍摄效果，选购一款性能卓越的外置闪光灯其实也是很有必要的。下面就为您推荐几款适合尼康D800使用的外置闪关灯。

尼康SB700（尼康中端准专业级闪关灯）

这款尼康SB700闪光灯具有GN38的闪光指数，闪光范围达到了0.6～20米，可以通过多级自动变焦，覆盖24～120毫米的焦距范围，同时最快闪光回电时间仅为2.5秒。

另外，SB700所具有的快速无线控制模式可以同时控制两个遥控闪光灯组的闪光输出，并且还可以自动侦测尼康FX格式和DX格式以设定相应的闪光效果。

尼康SB700闪光灯

日清Di866（副厂闪关灯）

日清Di866专业外置闪光灯是众多副厂闪灯中最为出色的产品之一。其具有着专业外置闪光灯才能够实现的自定义TTL闪光功能，并且还支持高速闪光同步和离机无线遥控闪光等多种功能。

日清Di886尼康口专业外置闪光灯最大闪光指数达到了GN60，完全超越原厂闪灯。同时，这款闪光灯还内置有广角散射版和眼神光反光板，并配备了彩色液晶屏方便用户在操作时查看相应的闪光数据。

而这款闪光灯最大特色就是具备USB端口可做升级固件兼职更多的器材使用，这也是原厂闪灯无法媲美的。

日清Di886闪光灯

尼康SB910（尼康高端专业级闪光灯）

熟悉尼康的影友都知道SB900，这款2008年与尼康D700数码单反相机一同发布的闪光灯，拥有"神灯"的称号。而SB910则正是配合尼康D800所最新发布的"神灯"升级版。

作为一款面向专业摄影师和高级发烧友的顶级闪光灯，与它的前身尼康SB910闪光灯相比，SB910具有许多改进之处，包括更为流畅的操作性，更高的照明精度，改善了前一代的过热警示问题，体积也稍作调降，在用户操作界面方面也稍有修正。

此外，在SB-910的随机附件中，还配备了可以改变色温的两种硬式滤色片，能调整荧光灯和白炽灯下的色温表现。相较于软式滤色片的设计，SB-910所搭赠的硬式滤色片，较具耐用与耐热性，使用寿命也较长。

尼康SB910闪光灯

永诺565EX（副厂闪关灯）

作为代表了国产闪光灯的最高水平的永诺565EX闪光灯，其具有着强大的GN58的闪光指数，完全能够满足专业摄影师的大部分专业需求。

同时，TTI测光可以让刚接触摄影的初学者，也能非常方便快捷的使用外置闪光灯进行拍摄。

当然，最关键的还是这款闪光灯的超高性价比。其拥有众多原厂顶级闪光灯才能到达的闪光指数，而售价却只有原厂闪光灯的1/3都不到，因此非常适合那些想要尝试外置闪光摄影，但又有些囊中羞涩的用户选择购买。

永诺565EX闪光灯

4.8　为D800选择存储卡

尼康D800所具有的双存储卡插槽，可以同时使用市面上主流的两种存储卡，CF卡和SDHC卡。

其中，CF卡是最早出现的存储卡类型。这种存储卡具有容量大、存储速度快等特点。不过，其价格相对也比较昂贵。目前市面上的CF卡主要分为CFⅠ与CFⅡ两种，CFⅡ在存储容量上要比CFⅠ大。

与CF卡相比，SD卡具有体积小、性价比高等优势。同时，SD卡还带有锁定功能，通过使用锁定功能，可以有效防止重要数据被错误覆盖或删除。现在市面上的SD卡主要有SDHC和SDXC两种，而最新的SDXC卡的储存容量能够达到32GB~2TB，远高于SDHC存储卡的2GB~32GB。并且其最高传输速度亦可达300MB/s。

在选购存储卡时，我们一方面要考虑存储卡的存储容量，另一方面要考虑存储卡的存储速度。

在选择存储卡存储容量时，为了能够适应尼康D800的超高像素所带来的存储压力，建议选择16GB或32GB的存储卡。而如果是有视频拍摄需求的话，则应该在此基础上选择更大容量的存储卡。

在选择存储卡存储速度时，90MB/s、CLASS 10甚至具有更高速度的存储卡比较适合D800的处理特性。

SD卡

CF卡

4.9　为D800选择摄影包

目前市场上的摄影包大致可以分为车载器材箱包、双肩背包、单肩挎包、腰包等。

其中车载器材箱包和拉杆包适合于专业摄影师使用，对于普通摄影爱好者来说，其价格相对昂贵而且便携性较差。

双肩背包一般容量较大，防水、防尘性能较佳。而且，双肩背带的设计有助于缓解长时间背负所产生的疲惫，比较适宜长途旅行摄影时使用。

单肩挎包相对于双肩背包来说其取用器材较为方便，但其背负舒适度不如双肩包，尤其是在长时间背负过程中易使人产生疲劳感。因此，这种背包适合平时拍摄或短时间出行时使用。

腰包的特点就是便于随身携带相机。而且腰包携带起来不会像单肩包一样由于单肩受力而产生疲劳。因此，腰包适宜携带较少的器材进行随time拍摄使用。

综上所述，对于那些使用机身较为厚实的尼康D800的用户来说，选择优质的双肩摄影背包可以在使器材得到有效保护并且背负舒适的同时，获得更大的拍摄便利。

在为D800选购双肩摄影背包时，还需要注意以下几点。

1. 器材防护能力。摄影包的海绵内衬和分隔越厚，其防护性能就越高。一般来说摄影包薄弱环节在于顶盖，若是顶盖没有海绵保护，则在使用时就要多加注意。

2. 背负舒适度。在购买摄影背包时，应该尽量选择背带较厚较软，长短可以调节等按照人体工程学原理进行设计的产品。

3. 防水防尘能力。相比较而言，尼龙面料的摄影包防水性能较强。而那些带有防雨罩的产品则通常可以抵御大雨的侵袭。此外，顶盖处以拉链密封的摄影包比使用搭扣的摄影包具有更好的防尘性能。

4. 装载能力。摄影包的实际装载能力有可能会与厂家所标明的数据有所出入。在实际使用中，摄影包的装载能力与其最外层材料的软硬程度直接相关，通常，软包比硬包的实际装载能力要强。

5. 携带三脚架的能力。对于经常进行户外摄影活动的用户来说，摄影包的三脚架携带能力是非常重要的。

适合尼康D800使用的双肩摄影背包

第5章
尼康D800新手操作指南

5.1 设定图像品质和尺寸

D800提供有多种图像品质和尺寸。在实际拍摄时,可以根据需要进行选择。

设定图像品质的方法

①按下机身上的 **MENU** 键,在 ◘ 拍摄菜单中选择[图像画质]选项,按下多重选择器▶。

②使用多重选择器▲▼选择相应的图像品质,然后按下**OK**键,即可确认选择。

设定图像尺寸的方法

①按下机身上的 **MENU** 键,在 ◘ 拍摄菜单中选择[图像尺寸]选项,按下多重选择器▶。

②使用多重选择器▲▼选择相应的图像尺寸,然后按下**OK**键,即可确认选择。

5.2 显示拍摄信息

当我们在使用D800时,那些与拍摄有关的信息,都能够在相机的液晶显示屏中显示出来。

显示拍摄信息的方法

①按下机身上的 info 键。

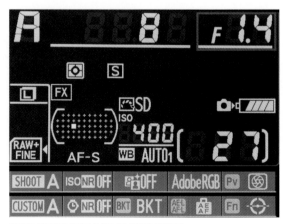

②相机的液晶显示屏会显示当前的拍摄信息。

5.3 设定优化校准

利用D800中的优化校准功能，可以拍摄出具有不同锐度、对比度、亮度、饱和度以及色相的照片。此外，还可以对这些参数进行自定义设置，从而更为灵活地掌控拍摄效果。

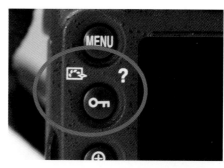

或者还可以直接按下机身上的 O–n (四3-/?)同样可以达到步骤①的目的。

设定优化校准的方法

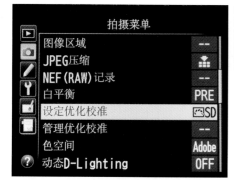

①按下机身上的MENU键，在 ○ 拍摄菜单中选择[设定优化校准]选项，按下多重选择器▶。

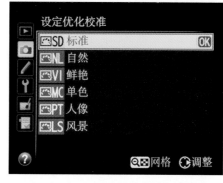

②使用多重选择器▲▼选择相应的优化校准模式，然后按下⊛键，即可确认选择。

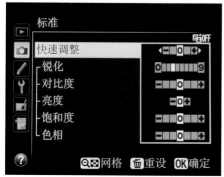

③在步骤②中按下多重选择器▶，即可对选择的优化校准模式进行更为细致的调整。

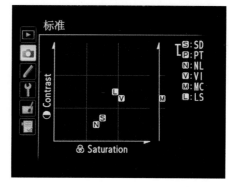

④在步骤②中按下机身上的⊛键，可以显示优化校准网格，该网格能够更为直观地展现所选优化校准与其他优化校准的区别。

5.4 暗角控制

当在使用某些镜头进行拍摄时，有可能会由于镜头周边光量减少而出现图像四角变暗的问题。而通过使用D800的暗角控制功能，则可有效缓解这一问题。

设定暗角控制的方法

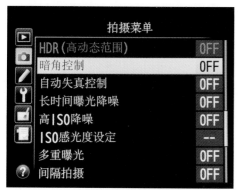

①按下机身上的MENU键，在 ○ 拍摄菜单中选择[暗角控制]选项，按下多重选择器▶。

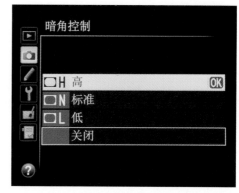

②使用多重选择器▲▼选择相应的暗角控制等级，然后按下⊛键，即能以所选择的等级进行暗角控制。

暗角控制关闭时的拍摄效果

暗角控制设置为"低"时的拍摄效果

暗角控制设置为"标准"时的拍摄效果

暗角控制设置为"高"时的拍摄效果

5.5　ISO设置

　　无论是在光线昏暗的场景下拍摄，还是在需要使用较高的快门速度时，通常都需要相应地提高感光度，以使相机获得充足的曝光。在D800中，则有专为调整感光度而设计的感光度按钮，通过此按钮我们就可以方便、快捷地进行感光度调节。

使用快捷键设置ISO感光度的方法

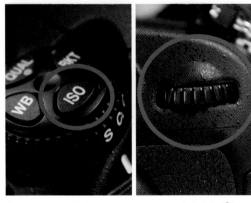

①按住机身上的**ISO**按钮，然后同时转动主指令拨盘，即可设置相应的感光度值。

②相机的取景器和液晶显示屏中，会显示所设置的感光度值。

在菜单中设置ISO感光度的方法

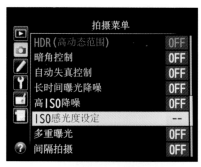  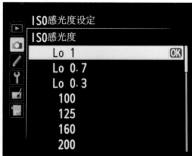

①按下机身上的**MENU**键，在 ■ 拍摄菜单中选择[ISO感光度设定]选项，按下多重选择器▶。

②使用多重选择器▲▼选择[ISO感光度]选项，按下多重选择器▶。

③使用多重选择器▲▼选择相应的感光度值，然后按下**OK**键，即可确认选择。

5.6　选择曝光模式

为了应对不同的曝光需要，D800拥有程序自动(P)、光圈优先自动(A)、快门优先自动(S)、手动(M)4种曝光摄模式可供选择。

选择曝光模式的方法

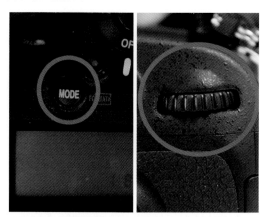

①按住机身上的**MODE**按钮，然后同时转动主指令拨盘 ，即可选择相应的曝光模式。

②相机的取景器和液晶显示屏中，会显示所选择的曝光模式。

5.7　设定白平衡

在使用D800进行拍摄时，根据不同的光源特性，需要设定相应的白平衡。

使用快捷键设定白平衡的方法

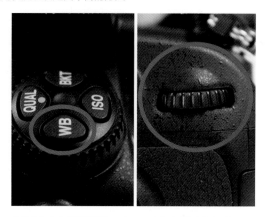

①按住机身上的**WB**按钮，然后同时转动主指令拨盘 ，即可设定相应的白平衡模式。

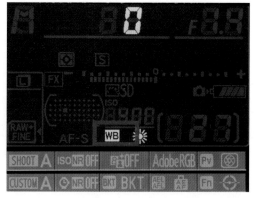

②相机的取景器和液晶显示屏中，会显示所设定的白平衡模式。

在菜单中设定白平衡的方法

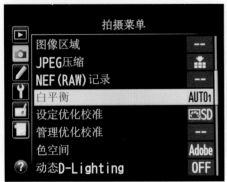

①按下机身上的**MENU**键，在⚫拍摄菜单中选择[白平衡]选项，按下多重选择器▶。

②使用多重选择器▲▼设定相应的白平衡模式，然后按下⊛键，即可确认选择。

在菜单中设定色温白平衡的方法

③在步骤②中使用多重选择器▲▼选择[选择色温]选项，按下多重选择器▶。

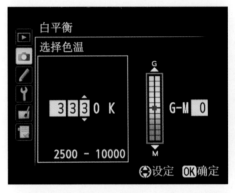

④使用多重选择器◀▶可在两种色温调节方式间进行选择，选择完成后，按下⊛键确认，然后使用多重选择器▲▼即可设定相应的色温值，设置完成后，再次按下⊛键，即能以所设定的色温白平衡进行拍摄。

在菜单中手动预设白平衡的方法

①使用白纸或者专业的灰卡充满画面，然后对其进行拍摄。

②按下机身上的**MENU**键，在⚫拍摄菜单中选择[白平衡]选项，按下多重选择器▶。

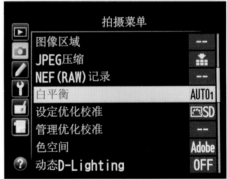

③使用多重选择器▲▼选择[手动预设]选项，按下多重选择器▶。

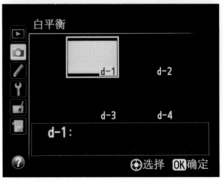

④使用多重选择器▲▼◀▶选择之前在步骤①中拍摄的灰卡或者白纸图像，按下⊛键，之后便能以此图像的白平衡数据进行拍摄。

在菜单中微调白平衡的方法

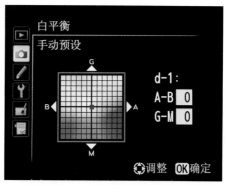

⑤在步骤④中按下多重选择器●，然后使用多重选择器▲▼选择[微调]选项，按下多重选择器▶。

⑥使用多重选择器▲▼◀▶将"■"标记移动到横向的蓝色[B]-琥珀色[A]轴，以及纵向的绿色[G]-洋红色[M]轴上的相应位置，然后按下⑩键，即可对当前的白平衡数据进行微调。

5.8 对焦设置

通过选择D800中相应的的自动对焦点和自动对焦模式，我们可以轻松完成不同场景下的自动对焦操作。

选择自动对焦点的方法

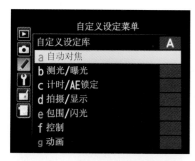

①按下机身上的MENU键，在⌀自定义设定菜单中选择[a自动对焦]选项，按下多重选择器▶。

②使用多重选择器▲▼选择[a7对焦点数量]选项，按下多重选择器▶。

③使用多重选择器▲▼选择所要激活的对焦点数量，然后按下⑩键即可确认选择。

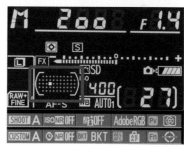

④使用多重选择器▲▼◀▶即可选择相应的自动对焦点，同时，相机的取景器和液晶显示屏中将显示所选择的对焦。

选择自动对焦模式的方法

①将机身上的对焦模式选择器拨动到AF一端。

②将所用镜头的对焦模式选择键拨动到AF一端。

③按住机身上的自动对焦模式按钮，然后同时转动主指令拨盘，即可选择相应的自动对焦模式。

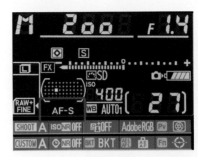

④相机的取景器和液晶显示屏中，会显示所设定的自动对焦模式。

5.9 测光模式选择

通过选择D800中相应的测光模式，可以在面对不同场景时，实现更为准确的测光操作。

选择矩阵测光的方法

①将机身上的测光选择器拨到 一端，即可将相机的测光模式设置为矩阵测光。

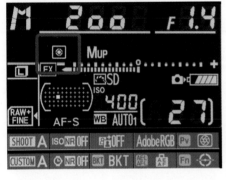

②相机的取景器和液晶显示屏中，会显示矩阵测光图标。

选择中央重点测光的方法

①将机身上的测光选择器拨到 一端，即可将相机的测光模式设置为中央重点测光。

②相机的取景器和液晶显示屏中，会显示中央重点测光图标。

选择点测光的方法

①将机身上的测光选择器拨到 一端，即可将相机的测光模式设置为点测光。

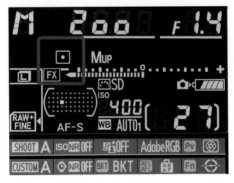

②相机的取景器和液晶显示屏中，会显示点测光图标。

5.10 设定光圈和快门

在实际拍摄的过程中，往往需要对曝光参数进行设定，而其中主要设定的就是光圈和快门。

在光圈优先自动模式下设定光圈值的方法

在D800的光圈优先自动模式下，可以对光圈值进行调整，相机会根据测光结果自动计算出所需的快门速度。
①在实际操作时，需先将相机的曝光模式设置为光圈优先自动[A]，然后转动副指令拨盘，即可对光圈值进行调整。

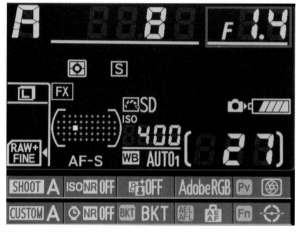

②相机的取景器和液晶显示屏中，会显示所设定的光圈值。

在快门优先自动模式下设定快门速度的方法

在D800的快门优先模式自动下，可以对快门速度进行调整，相机会根据测光结果自动计算出所需的光圈值。
①在实际操作时，需先将相机的曝光模式设置为快门优先自动[S]，然后转动主指令拨盘，即可对快门速度进行调整。

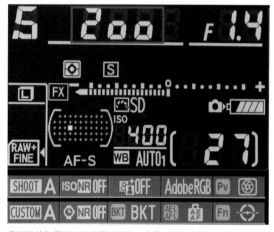

②相机的取景器和液晶显示屏中，会显示所设定的快门速度。

在手动曝光模式下设定光圈值和快门速度的方法

在D800的手动模式下，我们可以同时对相机的光圈和快门进行调整。
①在实际操作时，需先将相机的曝光模式设置为手动[M]，然后转动副指令拨盘，即可调整光圈值；转动主指令拨盘，即可调整快门速度。

②相机的取景器和液晶显示屏中，会同时显示所设定的光圈值和快门速度。

5.11 动态D-Lighting

当在光线较为昏暗或者是反差较小的场景中拍摄时，可以通过开启D800的动态D-Lighting功能，来矫正所拍摄照片的亮度及反差。

设定动态D-Lighting的方法

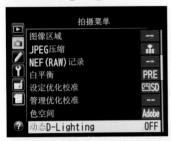

①按下机身上的**MENU**键，在 📷 拍摄菜单中选择[动态D-Lighting]选项，按下多重选择器▶。

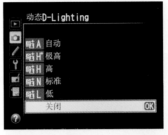

②使用多重选择器▲▼设定相应的动态D-Lighting等级，然后按下 ⏺ 键，即可确认设定。

动态D-Lighting关闭时的拍摄效果

动态D-Lighting设置为"低"时的拍摄效果

动态D-Lighting设置为"标准"时的拍摄效果

动态D-Lighting设置为"高"时的拍摄效果

动态D-Lighting设置为"极高"时的拍摄效果

动态D-Lighting设置为"自动"时的拍摄效果

5.12 曝光补偿和包围曝光

当使用D800的P/A/S模式进行拍摄时，能够以1/3EV为步长在正负5EV的范围内进行曝光补偿。

此外，还可以使用D800按照标准曝光量、减少曝光量、增加曝光量的顺序进行包围曝光拍摄。

设定曝光补偿的方法

①按住机身上的🟰按钮，然后同时转动主指令拨盘🎛️，即可设定相应的曝光补偿量。

②相机的取景器和液晶显示屏中，会显示所设定的曝光补偿量。

设定包围曝光的方法

①按住机身上的**BKT**按钮，然后同时转动主指令拨盘🎛️，即可设定相应的包围曝光量。

②相机的取景器和液晶显示屏中，会显示所设定的包围曝光量。

采用D800进行包围曝光拍摄时，可以按标准曝光量、减少曝光量、增加曝光量的顺序连续拍摄三幅照片，拍摄者可以从中选择自己最为满意的一幅照片作为最终成片

5.13 HDR拍摄模式

在拍摄明暗反差较大的场景时，为了能够保留更多的明、暗部细节，可以使用D800的HDR功能进行拍摄。

而在使用HDR功能时，每次拍摄将以不同的曝光量连续拍摄两幅照片（曝光过度和曝光不足），然后相机会自动将这两幅照片合并为一幅具有较高动态范围的照片。

设定HDR的方法

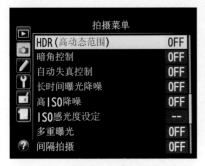

①按下机身上的**MENU**键，在 ◎ 拍摄菜单中选择[HDR（高动态范围）]选项，按下多重选择器▶。

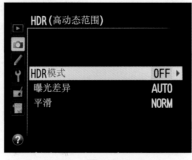

②使用多重选择器▲▼选择[HDR模式]选项，按下多重选择器▶。

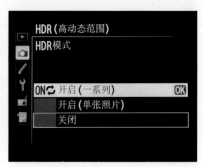

③使用多重选择器▲▼选择[开启（一系列）]或者选择[开启（单张照片）]选项，然后按下⊛键，即可开启HDR功能。

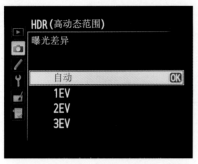

④在步骤②中使用多重选择器▲▼选择[曝光差异]选项，按下多重选择器▶。在下一级菜单中，使用多重选择器▲▼选择[标准]或者其他曝光差异等级，然后按下⊛键，即能以所选择的曝光差异等级进行HDR拍摄。

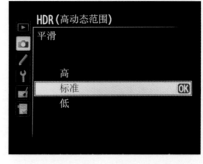

⑤在步骤②中使用多重选择器▲▼选择[平滑]选项，按下多重选择器▶。在下一级菜单中，使用多重选择器▲▼选择[标准]或者其他平滑等级，然后按下⊛键，即能以所选择的合成图像边缘平滑等级进行HDR拍摄。

在拍摄高反差场景时，很可能会出现明、暗部细节缺失的问题

通过使用HDR功能，可以有效解决拍摄高反差场景时的明、暗细节缺失问题

5.14 多重曝光

D800拥有极具创意的多重曝光功能。利用这一功能，可以通过2～10次的曝光拍摄，最终合成出一幅具有多重曝光效果的创意影像。

设定多重曝光的方法

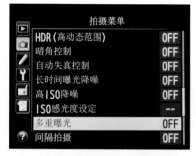

①按下机身上的**MENU**键，在拍摄菜单中选择[多重曝光]选项，按下多重选择器▶。

②使用多重选择器▲▼选择[多重曝光模式]选项，按下多重选择器▶。

③使用多重选择器▲▼选择[开启（一系列）]或者选择[开启（单张照片）]选项，然后按下⊛键，即可开启多重曝光功能。

④在步骤②中使用多重选择器▲▼选择[拍摄张数]选项，按下多重选择器▶。在下一级菜单中，使用多重选择器▲▼选择相应的拍摄张数，然后按下⊛键，即能以所选择的拍摄张数进行多重曝光。

利用D800的多重曝光功能，将一幅仰拍的天空照片与一张平拍的风景照片进行多重曝光合成，最终呈现出如图所示的奇特效果

5.15 设置释放模式

在D800中预设有6种快门释放模式可供选择，分别为单张拍摄、低速连拍、高速连拍、静音拍摄、延时拍摄、反光板预升。在实际拍摄拍摄时，我们可以根据不同的拍摄对象或拍摄需求来进行相应的设置。

设置驱动模式的方法

按住机身上释放模式拨盘锁定解除按钮，同时转动释放模式拨盘到**S**处，即可将相机的驱动模式设置为单张拍摄。相机的取景器和液晶显示屏中会显示单拍图标。

按住机身上释放模式拨盘锁定解除按钮，同时转动释放模式拨盘到**CL**处，即可将相机的驱动模式设置为低速连拍。相机的取景器和液晶显示屏中会显示低速连拍图标。

按住机身上释放模式拨盘锁定解除按钮，同时转动释放模式拨盘到**CH**处，即可将相机的驱动模式设置为高速连拍。相机的取景器和液晶显示屏中会显示高速连拍图标。

按住机身上释放模式拨盘锁定解除按钮，同时转动释放模式拨盘到**Q**处，即可将相机的驱动模式设置为静音拍摄。相机的取景器和液晶显示屏中会显示静音拍摄图标。

按住机身上释放模式拨盘锁定解除按钮，同时转动释放模式拨盘到⏱处，即可将相机的驱动模式设置为延时拍摄。相机的取景器和液晶显示屏中会显示延时拍摄图标。

按住机身上释放模式拨盘锁定解除按钮，同时转动释放模式拨盘到**Mup**处，即可将相机的驱动模式设置为反光板预升速。相机的取景器和液晶显示屏中会显示反光板预升图标。

5.16　开启实时取景

D800的实时取景相较于传统取景方式具有更加灵活、方便的优势。尤其是在采用高、低角度以及使用手动对焦拍摄时，实时取景功能的使用可以令拍摄变得更加轻松。

开启实时取景的方法

① 将机身上的实时取景选择器拨动到 📷 一端。

② 按下机身上的 [Lv] 按钮，即可开启相机的实时取景功能。

③ 相机的液晶显示屏中，会显示实时取景画面及相关拍摄参数

5.17　开启电子水准仪

在实际拍摄过程中，有时会发现所拍摄的照片存在画面倾斜的问题。在这种情况下，利用D800的电子水平仪，就能够以更为直观和准确的方式来检视相机是否处于水平状态，从而有效避免画面倾斜问题。

在拍摄具有明显水平线的风光场景时，电子水平仪的使用，则有助于拍摄出更具稳定感的风光摄影佳作。

开启电子水平仪的方法

① 在实时取景状态下，按下机身上的 [info]。

② 相机液晶显示屏的实时取景画面中，会显示电子水平仪。

5.18 照片回放

相较于传统胶片相机，D800最为便利的地方就是能够在拍摄后立刻查看所拍摄的照片。同时，还可在所拍摄的照片中显示丰富的拍摄信息。此外，还能够以放大、缩小、缩略图等方式对照片进行回放。

照片回放的方法

①按下机身上的 ▶ 按钮，即可在相机的液晶显示屏中显示最后拍摄或者最后回放的照片。使用多重选择器即可查看其它照片。

②使用多重选择器▲▼，即可显示所回放照片的对焦、图像品质和尺寸等相关拍摄信息。

③在步骤①中按下机身上的⊕或者⊖⊞，即可放大或者缩小（最小为缩略图的形式）回放照片。

5.19 删除和保护图像

在使用D800的过程中，可以随时对不满意的照片进行删除。同时，为了防止误删除，D800还提供有保护图像的功能。

删除和保护图像的方法

①在照片回放状态下，使用多重选择器▲▼找到要删除或者保护的图像。

②按下机身上的面按钮，液晶显示屏中会出现删除确认对话框，再次按下面按钮，即可将所选择的图像删除。

③在步骤①中舞按下机身上的**On** (四/?)，即可将所选择的图像保护起来。

第6章

尼康D800
专业拍摄模式选择

6.1 模式P：程序自动模式

程序自动模式（简称P）是指相机自动设置快门速度和光圈值以达到准确的曝光。在尼康D800相机的P模式下，可以通过转动主指令拨盘选择快门速度和光圈的不同组合，这种功能被称作程序偏移。在照片拍摄完成后，程序偏移将自动取消。需要注意的是，使用闪光灯拍摄时，无法进行程序偏移操作。这种自动模式其实就是锁定了快门速度及光圈参数，而ISO、白平衡、曝光补偿和闪光灯等都可以根据需要进行设定，它的最大特点就是操作简单，方便快捷。

P模式一般在外出旅游随意拍摄纪念照或者是刚刚接触数码单反相机时候使用。其特点是，操作方便快捷，相机自动设置快门速度与光圈的组合，缺点是照片缺乏变化，整体效果比较单一。另外，在一些光线比较复杂，或者是明暗对比强烈的环境，不适合使用。

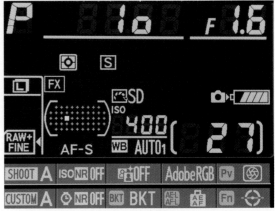

程序自动模式（P）

24mm f/8 1/500s 100

程序自动曝光模式拍摄的风光照片整体曝光准确均衡，但是这种光圈快门组合无法拍出特殊的效果

6.2 模式S：快门优先模式

快门优先模式（简称S）下，用户可以自己设定需要的快门速度，相机会根据主体的亮度自动设定光圈值来配合以获得准确曝光。在此模式下，用户可以通过转动主指令拨盘来调节快门速度。在拍摄过程中，快门速度需要根据拍摄对象的运动速度以及照片所要达到的效果而定。

快门优先模式通常在拍摄需要特定快门速度的摄影题材中使用。较高的快门速度可以凝固动作或者是移动的主体；较慢的快门速度可以形成模糊效果，从而产生动感。例如拍摄瀑布，我们需要精确地控制快门速度，以达到让

瀑布水花飞溅或者如丝般柔滑的不同效果。这时使用快门优先模式，相机就会通过预先设置好的快门速度来自动调整光圈值，从而让被摄主体达到准确曝光。

在实际拍摄过程中需要注意的是，当使用最大光圈或最小光圈都达不到正确曝光时，就需要调节快门速度来解决这类问题，如果速度不能控制在安全快门速度(即人们手持拍摄保证画面清晰的最低快门速度）之中，则需要使用三脚架等辅助拍摄工具。

◎ 200mm ✳ f/5.6 〰 1/4s ⬚ 100

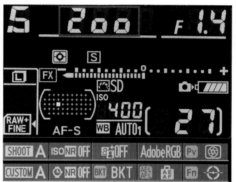

快门优先模式（S）

◎ 200mm ✳ f/2.8 〰 1/500s ⬚ 100

选择快门优先模式，设定一个较低的快门速度，可以拍出如丝般的瀑布流水的效果，非常迷幻。

使用快门优先模式，选择一个较高速的快门速度，可以将飞溅的水花凝固，给人身临其境的感觉。

6.3 模式A：光圈优先模式

在光圈优先模式（简称A）下，可以自己设定所需的光圈值，旋转副指令拨盘即可选择所需光圈值，相机会根据画面或主体的亮度自动设定快门速度以获得准确曝光。需要注意的是，在光圈优先模式下，快门速度是根据光圈大小自动设定的。当使用小光圈拍摄时必然会降低快门速度，在手持拍摄时，如果低于安全快门速度的话，拍摄出来的画面就会虚，此时我们需要调高ISO或者是增大光圈来控制曝光。如果达到了最大光圈数值还低于安全快门速度的话，就得使用三脚架来稳定相机拍摄。

使用光圈优先曝光模式可以控制画面的景深，在同样的拍摄距离下，景深是受光圈大小影响的。光圈大，景深小，拍摄出被摄主体的前景和背景虚化程度效果好；相反，光圈小景深大，拍摄出画面的前景和背景清晰度高。

当拍摄的画面对景深有一定要求时，比如拍摄人像或者花卉，需要小景深虚化背景，而拍摄大场景风光，需要大景深让更大范围清晰成像时，可以采用光圈优先模式，自行设定好需要的光圈值。

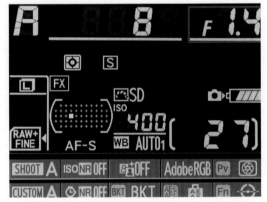

光圈优先模式（**A**）

📷 200mm ✳ f/2.8 〰 1/300s ISO 200

人像题材的拍摄中多会使用大光圈来让背景完全虚化，起到突出人物主体的作用，同时令画面更简洁。此时可以使用光圈优先模式拍摄。

200mm　f/2.8　1/150s　ISO 100

使用光圈优先模式拍摄，大光圈制造较小的景深来
让背景产生虚化，具有空间感。

200mm　f/8　1/100s　ISO 100

使用光圈优先模式拍摄，较小的光圈可以制造出较大的景深，让前后
的景物都清晰呈现，使画面内容更加丰富。

6.4 模式M：手动模式

手动模式（简称M）是一种较为高级的拍摄模式。在该模式下，相机所有的智能分析、计算功能都将不再工作，所有的参数都要由摄影师手动设置。在M模式下，可以通过转动主指令拨盘来调节快门速度，转动副指令拨盘来调节光圈数值。M模式适合具备一定摄影经验的尼康D800相机用户使用。因为只有具备了一定摄影经验的积累才能够在M模式时将光圈、快门组合快速的调整到合适的数值达到正确的曝光。

在全手动模式下，为了避免出现曝光不足或者曝光过度的问题，尼康D800相机提供了提醒功能。

M模式在光线较为复杂或是需要拍摄特殊艺术效果的照片时最为常用。在这些情况下，相机无法自动获得准确的曝光，或是程序自动完成的准确曝光无法实现摄影师想要的效果。这时就需要使用M来进行拍摄。

虽然使用M模式拍摄较为复杂，对于技术的要求也较高，但是很多摄影师推荐多使用M模式拍摄。经过长时间的练习后，就会熟能生巧，拍摄出很多效果很棒的照片。

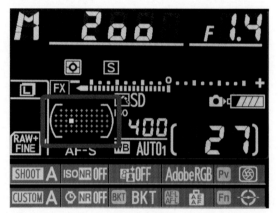

手动模式（**M**）

[◎] 50mm [✦] f/12 [▤] 1/125 [ISO] 100

使用M模式手动调节光圈快门，并且进行点测光可以拍摄出更富有光影变化的照片，富有意境。

24mm f/18 1/15s ISO 100

使用手动曝光模式拍摄，以落日测光可以通过调节光圈快门值故意压暗
暗部景物，突出夕阳的美感

第7章
尼康D800完美
人像摄影实战

7.1 人像摄影的构图方式选择

初学人像摄影，掌握一些基本的构图取景方法更易上手实拍，具体说来，由小到大景别可以分为以下几种：

特写人像

特写人像是指在画面中只摄入人物的头部和肩部，而身体的其他部分则在画框之外的人像拍摄构图方法。这种拍摄方法能够充分表现人物的面部细节、表情、五官轮廓等。

在实际拍摄人像特写的时候应注意以下几点：首先，在一般情况下，应将人物的眼睛安排在画面突出的位置，也就是画面的黄金分割点上。对于人物眼神的着重刻画可以帮助我们捕捉到人物的内心世界。

其次，拍摄时如果适当裁切人物头顶，可以让观者更多注意力集中在人物的表情上，从而使画面更简洁。但裁图时如应尽量保持人物面部轮廓的完整，避免过度裁切造成人物五官、轮廓残缺，给观者带来突兀的感觉，特意采用开放式构图制造特殊构图效果的除外。

最后，拍摄特写时可以利用模特的手或头发来修饰脸型。例如对于脸部较宽或较胖的模特，可以尝试用脸部两侧垂下的头发加以遮挡，或让其双手轻抚脸颊起到类似作用；而脸型较窄或额头突出的模特，我们则可考虑利用刘海将其额头部位遮挡住。

◎ 145mm ✳ f/3.5 ≋ 1/320s ISO 100

模特上半身自然地依靠在树干上，构图时在视线方向预留一定的空间，不会显得压抑

半身人像

半身人像是指从腰部截取被摄人物的上半身进行拍摄的人像拍摄构图方法，这种拍摄方法可以突出表现人物上半身的曲线美。而且相比特写，半身人像可以摄入更多的背景环境，从而有利于进一步营造画面的整体氛围。

在实际拍摄半身人像时，应注意这样两点。

1.构图方面，一般应避免过于紧凑，应给人物头部上方及视线延伸方向留有一定的空间，这么做可以增强空间感，而不会给人以局促、紧张的感觉。

◎ 85mm ✳ f/2 ≋ 1/500s ISO 100

拍摄脸部特写时对人物头部适当裁切，画面看起来更紧凑，观者的注意力也更集中

◎ 70mm ✳ f/2.8 ≋ 1/400s ISO 100

七分构图到人物膝盖上方，避免直接从关节裁切，模特身体向后倾斜，为画面增添了活跃的气氛

2.可以尝试让模特的上半身向自然倾斜，这样可以带给画面更多活力，且避免长时间保持同样的姿势造成的僵硬感。

七分人像

七分人像是指从模特膝关节向上一些截取人物的大半身进行拍摄的人像拍摄构图方法。该方法可以较好的表现人物婀娜的身姿及部分腿部线条。同时，还为人物提供了足够的空间方便摆出各种姿势，从而增加了画面的表达力、丰富性及美感。

在实际拍摄七分人像的过程中，最容易遇到的问题是不知道人物的下半身应该取景到什么位置。如果选择长裙等不露出人物腿部的服装这个问题比较好解决，只需要确保被摄人物脸部处于合适位置，整体在画面中给人感觉舒适就可以了。如果人物穿着突出腿部线条的服饰，应避免直接从关节部位进行截取，以免产生失衡感或分散观者视线、影响画面美观。

全身人像

全身人像是指将人物全身都完整拍摄下来的拍摄方法。该方法在表现被摄人物整体姿势和线条的同时，还能够容纳更多的环境背景，因而很适合用来拍摄环境人像。

在拍摄全身人像时应尽量保证人物身体的完整性、给人物头顶和脚下预留一定的空间，这样做不但避免"顾头不顾脚"的误裁切，还可以让画面看起来更舒服稳定，没有紧张的压迫感。

一般情况下，站姿的人物全身照，机位适合在人物的胸与腰的高度之间，因为拍摄时采用相对较低的机位，可以突显被摄人物高挑、挺拔的身材。

85mm f/18 1/1000s ISO 100

模特身体线条优美而不造作，较低的机位显得其身材更加饱满挺拔

85mm f/1.8 1/500s ISO 100

全身人像在构图范围内容纳更多的环境背景，此处模特被安排在画面的一侧，构图别具一格

7.2 人像摄影的用光注意事项

在人像摄影中，光线的作用不容小觑，适宜的光线不但可以塑造人物优美的面容和形体，还可以烘托画面气氛，从而有助于人物情绪的表达。

阴天散射光

阴天光线比较柔和，适宜表现人物柔美的一面，因而常用来拍摄清新自然的人像。

开始练习拍摄时，首先应选择一个开阔地，不要让障碍物挡住自然的散射光。然后让被摄者随意转动，这样可以方便地观察到其面部的光线效果，从而找到最大限度散射光的位置，这种光线能柔化脸部的皱纹和缺陷。

如果光线较暗或被摄者戴着帽子，为避免曝光不足，我们应对人物面部受光弱的部位进行适当的补光。通过改变反光板的反射角度及其与人脸的距离，可以获得不同的反射效果，最理想的状态是用反光板增加眼神光的同时减轻人物暗部的阴影，从而使拍出的人像作品更加柔美、动人。

顺光

顺光又叫正面光或者平光，指拍摄的方向与光线照射方向基本一致。由于光线是从正面方向均匀地照射在被摄体上，被摄体受光面积大，阴影面积小，画面整体鲜亮明快。虽然顺光的拍摄效果容易显得平淡无奇、缺乏新意，但是在人像摄影中，顺光却是应用最为广范的光线，尤其

⚪ 220mm ✳ f/4.5 ▦ 1/180s ISO 400

顺光拍摄，模特的肤质表现出色，画面色彩亮丽清新

在拍摄美女写真等"糖水"人像时，顺光可以给画面带来唯美亮丽的感觉。

顺光比较适合拍摄特写和近景这样的小景别，因为它可以较好地表现人物的层次细节，有利于展现丰富的色彩。有时这种最直接、直白的描述效果反而比那些复杂的布光更能抓住被摄者的神韵，具有直逼人心的力量。使用顺光拍摄时曝光不可过度，一般使用平均测光可以获得较理想的效果。

⚪ 50mm ✳ f/1.6 ▦ 1/4000s ISO 400

利用透过云层照射的散射光，模特和背景的颜色被很好的还原，整体影调丰富细腻，没有浓重的阴影

⚪ 50mm ✳ f/16 ▦ 1/125s ISO 200

来自右前侧方向的主光，将人物面部刻画得更立体

侧光

侧光是指来自人物侧面方向的光线。在侧光的照射下，人物的立体感较强，也是拍摄人像写真时较为常用的光线。但纯粹的90°侧光通常不适于拍摄女性，因为从正侧面照射的光线，使人物面部一半被照亮，而另一半则处于阴影中，产生"阴阳脸"的效果。此时应适当调整角度，采用前侧45°的光线照射，并使用反光板、闪光灯等适当对人物暗部补光，从而减小反差，避免产生浓重的阴影，使人物面部明暗过渡层次更丰富、自然。

逆光

逆光是指光源在人物的后方照射，由于拍摄方向与光线照射方向相反，人物容易曝光不足而损失一定的层次细节。但逆光勾勒出人物的轮廓，对于体现动作和形体极为有利，而且运用得当可以营造出梦幻的画面氛围，给人充满光感的视觉享受。

实拍时可以使用点测光模式对人物面部的亮区测光，这样在保证人物主体正常曝光的同时，还可以保留更多发丝和轮廓的高光细节。

辅助光

在人像摄影中，一般将主光以外用以增强画面效果的光线称为辅助光。最常见的辅助光就是轮廓光，即从人物侧后方照射，用以勾勒轮廓的光线，它的作用是将被摄人物从背景中分离出来，从而看上去更有立体感。眼神光也是较为常用的辅助光，通过使用反光板或闪光灯在人物眼睛里反射出光斑，可以让被摄者看起来神采奕奕。一般来说，圆形的眼神光比其他形状的效果更自然。

85mm f/3.2 1/400s ISO 100

逆光让模特的发丝呈现金黄色，单独对人物皮肤测光，在保留发丝高光细节的同时，不至于造成人物主体严重曝光不足成为剪影

50mm f/1.8 1/1500s ISO 100

右侧的反光板作为主光，反射照亮模特的同时，添加了眼神光，来自左后放的阳光作为辅助光，勾勒出人物的轮廓，从深色背景中跳脱出来

7.3 选择不同的拍摄视角

在拍摄人像作品时，不同的视角会给观者带来截然不同的视觉感受。对此，我们应根据所表现的主题选择适当的拍摄角度。

仰视

一般来说，稍稍仰视的视角会让被摄人物看上去更自信。此外，我们还可以利用广角镜头中心成像变形最小、边缘成像变形最大的特点来拍摄，将人物的腿部拉伸，从而看起来更加纤细修长，这是每个女孩子梦寐以求的。实拍时应注意将人物脸部安排在靠近画面中心的位置，避免产生不美观的形变。

俯视

俯视的视角容易给人以弱小、卑微的感觉，但在拍摄甜美写真人像时使用则会增添活泼亲切的感染力。

采取俯视的视角拍摄人物特写时，由于自上而下拍摄及近大远小的关系，容易使人物眼睛看起来更大更有神。此外，俯视的视角对人物脸型也可以起到一定的修饰作用，容易拍出上大下小的"瓜子脸"。但是对于额头较宽或突出的模特应谨慎使用，否则不但起不到美化的作用，反而夸大了这种缺陷。

平视

平视的视角更接近平时的视觉习惯，给人以亲切的感受，很适合用来表现女生阳光俏皮的一面。在实际拍摄时为避免画面趋于平淡，可以搭配一些小道具来增添气氛，如花朵、镜框等。为了使被摄人物在画面里显得更突出，平视拍摄时人物的摆姿应简洁有力，此外使用大光圈镜头靠近拍摄，可以获得非常好的背景虚化效果。

⬡ 28mm ❀ f/13 ▨ 1/125s 🔲 100

广角仰视，起到拉伸作用，显得模特的身材更修长，将天空作为背景，画面更简洁

⬡ 50mm ❀ f/2 ▨ 1/2500s 🔲 200

俯视的角度更亲切，配合模特放松自然的动作，整体画面感觉清新随意

105mm · f/4 · 1/400s · ISO 100

平视角度和中等焦段镜头，让照片更接近人眼视角，大光圈的定焦镜头虚化能力出色，背景被简化

7.4 人像摄影的景深控制

在拍摄人像作品时，对于景深的选择应根据需要而有所变化。具体说来，大景深可以让背景更清晰地呈现在画面中，因此在大景别的环境人像中使用较多；小景深则可以充分虚化前景和背景，很适合在突出表现人物状态的近景特写中使用。

大景深人像

一般通过以下手段获得大景深的效果。

1. 缩小光圈。虽然光圈越小，景深范围也就越大，但在拍摄人像作品时应注意过小光圈容易造成画质下降，一般镜头在f/11左右成像素质最佳。

2. 使用广角镜头。广角镜头可以方便地获得大景深的效果，但使用时应注意枕形畸变的影响。

3. 将焦点安排在画面下方1/3的位置。该方法适合大场景人像，可获得该镜头焦段光圈下最大的清晰范围。

AF-S 16-35mm f/4 ED

◎ 23mm ✳ f/8 ▨ 1/160s ISO 200

广角镜头结合小光圈拍摄，获得人物主体和背景同时清晰的大景深效果，着重交待了拍摄的环境背景

小景深人像

想获得人物主体清晰，而背景则相对模糊的小景深效果，可以采取以下方法。

1. 开大光圈拍摄。较大的光圈可以获得较小的景深范围，但是一般入门级镜头成最大光圈时的成像质量下降严重，容易产生色散和照片锐度下降等问题。因次选择一款优质的大光圈定焦镜头是不错的选择。其中85毫米镜头更被称为人像标准镜头，以较小的花费便可获得出色的成像质量，且即使不使用最大光圈，而缩小一挡拍摄，也可以获得较浅的景深和出色的背景虚化效果。

2. 使用长焦镜头。长焦镜头是获得小景深效果的另一大法宝。此外，使用长焦镜头拍摄人像还可以利用其压缩透视的特性，起到简化背景的作用。但一般应避免使用超过200毫米的镜头，过长焦段镜头容易产生明显的桶形畸变，而让被摄人物的脸部看起来缺乏立体感，显得扁平影响美感。

3. 缩短拍摄距离。该方法也可以有效的缩小景深范围，举例说来，如果使用85毫米f/1.4镜头，最大光圈下靠近拍摄人物脸部特写，保证眼睛清晰，那么从睫毛开始就已经模糊了。此外，让被摄者靠近相机还有一个好处，就是可以拉远被摄者与背景的距离，从而获得更强烈的背景虚化效果。

4. 景深预览。通过使用D800机身上的景深预览按钮，可以更直观地看到景深效果，从而及时做出调整。

AF Nikkor 85mm f/1.4D(IF)

AF-S VR Zoom Nikkor ED 70-200mm f/2.8G(IF)

D800机身上的景深预览按钮

200mm　f/3.2　1/1000s　ISO 100

使用大光圈定焦镜头拍摄，获得较小的景深，且背景离模特较远，相对前景虚化效果更明显

7.5 逆光人像的实拍技巧

外拍时常听有的影友说"这里背光，不适合拍照"，逆光确实比较难以把控，但只要控制好曝光并适当补光，逆光反而可以帮助增添画面的意境美。实拍时需要注意以下几点。

1. 点测光模式。使用D800的点测光模式，可以较精确的控制曝光范围，如果要得到纯剪影效果，测光点可以选在人物身体的边缘，因为那里的光线是整个画面中最亮的部分；而对于那些并不是纯剪影的逆光效果，测光点可以选择在被光线照亮的头发或者是人物的面部。

2. 为人物暗部补光。使用闪光灯、反光板等辅助设备为人物补光，可以有效缩小被摄人物与背景之间的明暗反差，从而在人物主体正常曝光的同时在画面中记录下更多的背景细节。具体来说，如果使用离机闪光灯给人物补光，可以在正面稍侧的位置照射，这样产生的影子面积较小，还可以反射出迷人的眼神光。如果使用反光板，现场光线较暗时应尽量靠近被摄人物。

3. 拍摄侧面轮廓剪影。在拍摄逆光剪影照片时，一般会选择被摄者的侧面轮廓来表现，也就是说让被摄者侧面对着镜头，一方面侧面轮廓的辨识度较高，另一方面采取侧面甚至背面的角度可以为照片增添别样的情趣。

4. 选择有趣的背景。逆光下波光粼粼的湖面，金灿灿的芦苇荡等都是很好的拍摄场景，此时，为防止水面反射光直射入镜头造成炫光或照片发灰，应取下UV镜并使用遮光罩遮挡强光。

| 75mm | f/4.5 | 1/750s | ISO 400 |

逆光下的湖水波光粼粼，和气质清纯的模特相映成趣

点测光模式

机顶闪释放按钮

| 50mm |
| f/2 |
| 1/125s |
| ISO 400 |

未使用闪光灯补光，人物肤色不均匀

| 50mm |
| f/2 |
| 1/200s |
| ISO 400 |

使用闪光灯补光，人物肤色更均匀白皙

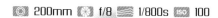

200mm f/8 1/800s ISO 100

逆光拍摄的人像剪影，重点放在模特线条轮廓的刻画上，远方夕阳的余晖曝光准确且层次丰富。拍摄人像剪影时，需要注意人物姿态的自然和优美

7.6　人像摄影的模特摆姿技巧

站姿

　　首先，拍摄站姿时，应避免被摄人物过于呆板地直立在画面中，容易显得模特僵硬不自然。除了让模特挺胸、收腹、提臀，还可以改变腿部的姿势来寻求变化。

　　其次，除了可以拍摄模特正面的站姿之外，还应该尝试多种拍摄角度，被摄侧面对镜头往往使模特看起来更加凹凸有致。

　　最后，如果在外景还可以让模特寻找各种依靠拉拽的支撑物，如栅栏、墙壁、桌子等，这样做可以打破站立时人体躯干的直线条，从而创造出曲线或三角形的优美构图。

坐姿

　　与站姿类似，坐姿摆姿也有这样几点需要注意。

　　1.　若是席地而坐，可以让模特用手扶背靠的方式寻求支撑，这样可以增加画面的稳定感。

　　2.　如果是全身照，坐着的时候可以让模特将脚背绷直，而用脚尖触地，这样做的好处是由于视觉延伸的作用，可以显得小腿更修长。

　　3.　坐在椅子上时，人物的身体不要完全坐进椅子里，这样会显得非常懒散，最好只坐椅子的1/3，这样整个人就会显得更加挺拔而有精神。

　　4.　一旦落座，人物的肩膀应微张并尽量放松，这样身体线条会变得更加舒展。

　　5.　坐姿人物腿部相对灵活，可以利用这一点摆出许多姿势，常见如两腿盘坐、两膝盖向一侧倒下、跷腿、膝盖并拢两腿分开、一条腿从另一侧膝盖下穿过等。

◎ 38mm　✸ f/4.5　〰 1/125s　ISO 200

站姿拍摄时，让模特脸转向一侧肩膀，抬起一条腿都可以制造出更多的形体变化，让画面不再单调

◎ 50mm　✸ f/6.3　〰 1/160s　ISO 200

侧面的坐姿容易让人物显瘦，模特拱起的膝盖形成稳定的三角形构图

蹲姿

在拍摄蹲姿时，一般多选择从侧面进行拍摄，因为正面拍摄显得腿短且易给人以不雅观的感觉。此外，还应避免进行仰拍，因为仰视容易显得人物腿部较粗。

摆姿方面，蹲姿主要以上半身和头、手的变化来摆出丰富的造型。同时，蹲姿相对比较吃力，所以应尽量缩短拍摄的准备时间，避免影响模特状态。最后，尤为重要的一点，在拍摄蹲姿时一定注意避免走光。

躺姿

拍摄躺姿时，俯拍可以有效避开潜在的杂乱背景，由于一般相机距离与被摄者较近，如果想要拍摄全身像最好使用广角镜头，或借助梯子等辅助工具。

在实际拍摄时，可以把人物的身体看作一条直线，灵活运用对角线构图，这样画面会显得更有活力。对于处在平躺状态的被摄者，其手部和腿部也可以尽量做一些动作，避免身体显得僵硬。而对于侧躺的模特，则可以通过将一条腿弯曲或者用前臂支撑身体的方式，来刻意营造身体的优美曲线。

跳姿

在拍摄跳姿时，为了保证焦点清晰，一般可以将相机调整到人工伺服自动对焦模式，同时采用较高的快门速度（如1/500秒）来拍摄。

另外在拍摄时，应尽量采用仰拍，这样可以有效夸大模特跳跃的高度。而通过使用广角镜头或在距离模特稍远处进行拍摄，则可以为画面预留更多的空间，从而为二次构图和剪裁提供便利。

对于被摄人物来说，在跳跃时要尽力跳到最高，四肢尽量舒展。跳的时候也要注意人物表情是否到位。

◎ 50mm ❀ f/13 ▨ 1/125s ISO 200

侧向蹲姿避免走光，较低的机位容易显得模特腿部修长

◎ 35mm ❀ f/4.5 ▨ 1/125s ISO 100

拍摄躺姿人像，广角镜头有助于取景构图，俯拍的的方式以草地为背景，画面简洁

◎ 24mm ❀ f/8 ▨ 1/125s ISO 200

广角镜头仰视拍摄，突出人物跳跃的高度，并稍稍离远离被摄主体，构图预留一定空间

7.7 人像摄影的对焦点选择

在人像摄影中，一般都应把焦点放在眼睛的位置，这样做主要出于3个原因。

其一，对人物眼神的刻画在人像摄影中是重中之重，正所谓"眼睛是心灵的窗户"，让人物的眼神在画面中以最清晰的状态呈现，可以向观者传达更多的信息。

其二，相机对焦系统对于明暗对比强烈的物体较敏感，因此为了获得更清晰的焦点以及更快的对焦速度，将焦点对准人物的眼睛是最佳选择。这么做的另一个好处是可以保证同处一个焦平面上的面部能保持较高的清晰度，从而在照片上记录下更多影像的细节。

最后，由于相机对焦点附近的成像锐度最高，因此在拍摄人像时，对模特眼睛对焦不仅可以更好地表现出人物的个性，还能让双眸看起来更加清澈动人。

当然，任何规律都不是一成不变的，在拍摄局部特写或创意构图时，偶尔尝试不同寻常的对焦位置，可以给人耳目一新的感受。

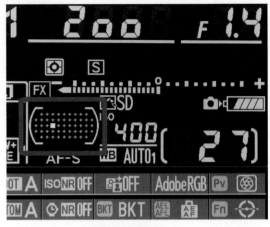

D800对焦点选择

50mm　f/2.8　1/640s　ISO 200

焦点在模特的眼睛，发丝也相对清晰，照片整体感觉清晰锐利

50mm　f/2.8　1/500s　ISO 200

焦点在模特手中抱着的玩具身上，而模特主体则相对模糊，整体感觉不够明朗清晰

7.8 不同测光模式下的人像效果

尼康D800数码单反相机提供了矩阵测光、中央重点平均测光和点测光这3种测光模式，在拍摄人像的时候，究竟应该选择哪一个呢？其实这3种测光模式各有优势，应根据拍摄条件加以选择。

矩阵测光是利用相机内置程序对整个场景评价测光，而该程序是一种较为折中的算法，因此，该测光模式比较适于拍摄整体曝光较为均衡的场景。这对于初学者当然非常便利，但遇到明暗反差较大或光线复杂的拍摄环境，就显得力不从心了。

中央重点测光简单说来就是对靠近取景器中央的景物加权测光，因此尤其适合用来抓拍。在街头抓拍人像照片时，一般没有多余时间调整曝光参数和构图，主体人物大多处于画面中央位置，此时采用中央重点测光模式再适合不过了。但对于追求完美曝光和构图美感的人像拍摄题材，该测光模式存在一定局限性。

点测光是相机内置的最精准的测光模式，测光原理类似于反射式光点测光表。由于该测光模式测光面积极小，在复杂的光照条件下，可以利用这一点单独对人脸测光，从而获得更准确的曝光参考值。

暗背景下，矩阵测光未能针对人物主体曝光，大面积暗调背景误导相机增加曝光量，人物面部和服饰的大部分细节由于曝光过度而丢失

同样拍摄条件下，使用中央重点测光，人物面部细节有所改善，但仍然由于暗色背景的干扰，损失了皮肤高光以及白色服饰的层次

使用点测光单独对人物面部测光，在人物皮肤准确曝光同时，保留了服饰细节，并且进一步压暗了背景

7.9 巧用AE锁（Auto Exposure Lock，自动曝光锁）功能拍摄人像

在使用相机的自动测光模式拍摄人像时，自动曝光锁是非常实用的功能。D800的AE锁不但可以锁定自动曝光值，避免重新构图造成的曝光失误，还可以在使用内置闪光灯时平衡背景与人物主体的曝光。

举例说来，若在与被摄人物亮度反差较大的背景前拍摄，可以使用点测光模式单独对人物脸部测光，并获得曝光参考值。此时若直接重新构图，自动曝光值就会发生明显的变化，容易造成人物脸部曝光不足或曝光过度的问题。而在对人脸测光的同时按住AE-L按钮，可以方便地锁定准确的曝光值，无论怎么调整构图都不会出现曝光失误的问题。

此外，在非常明亮的背景前拍摄人像，为了保证缩小人物主体与背景之间的亮度反差，可以使用相机内置闪光灯为人物补光。具体做法如下，首先将内置闪光灯打开；然后对明亮的背景点测光，并按住AE-L按钮锁定曝光值；最后重新构图对人物主体对焦并按下快门。这么做可以在利用内置闪光灯为人物主体补光的同时，兼顾到背景的曝光，从而获得更多影像细节。

D800机身上的AE锁

◨ 50mm ✳ f/2.8 ▰ 1/1600s ISO 200

未使用AE曝光锁，相机对背景高光测光，相对较暗的被摄人物则曝光不足

◨ 50mm ✳ f/2.8 ▰ 1/400s ISO 200

对主体人物测光后，锁定曝光重新构图，人物曝光充足

7.10 设置人像优化校准，拍出更完美的皮肤色调

　　D800机身预设有六种优化校准模式，分别是标准模式、自然模式、鲜艳模式、单色模式、人像模式以及风景模式。此外，还可以进一步修改所选的优化校准模式，更可以保存自定义优化校准。

　　拍摄人像作品时，可以选择人像优化校准模式。此时相机会根据预设值自动调整，通过降低对比度、反差等设置，让拍摄的人像照片呈现出柔和的效果，人物肤色还原也更为出色。

　　当需要对所选择的优化校准模式进行修改时，可以进入人像优化校准的下一级菜单，手动对锐度对比度和饱和对进行调整，从而获得更加满意的效果。

　　在使用优化校准模式时，有一点需要注意，在RAW模式下拍摄，选择任何优化校准模式都是无效的，RAW格式存储的是相机感光原件获得的原始数据信息，除了光圈、快门、感光度，其他设置都不会对其产生影响。

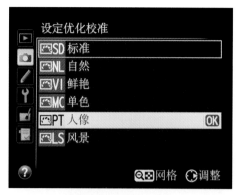

D800人像优化校准界面

📷 50mm ✳ f/2.8 ▨ 1/400s ISO 100

正常拍摄，色彩饱和度、对比度适中，对于美女人像来说，整体感觉略微偏硬

📷 50mm ✳ f/2.8 ▨ 1/400s ISO 100

在人像优化校准模式下拍摄，人物肤色还原自然，照片给人感觉更柔和而有生气

7.11　即时取景下的脸部识别

　　使用尼康D800的即时取景功能拍摄照片操作简单。首先，确认相机电源处在开启状态，并将即时取景开关以顺时针方向扳动，就开启了即时取景功能；然后设置适当的拍摄参数后，半按快门进行对焦；最后完全按下快门即可拍摄到静态的照片。

　　值得一提的是，在即时取景状态下，按放大按钮可以放大当前的画面，并可以使用多重选择器移动画面的位置，从而对取景器中的局部位置进行精确对焦。需要注意的是，这里的放大画面并非进行变焦处理，而是针对即时取景的范围进行局部放大，目的只是为了便于对焦操作。

　　在即时取景模式下，按下info键，可以在不同的参数显示模式之间切换，方便调整参数。

　　面部识别是D800的特色功能之一，该功能依托于9100像素RGB感应器，能精确地分析拍摄场景，并能以惊人的精确度侦测人的脸部。在即时取景模式下开启面部识别功能，可以将上述优势更充分地发挥出来。

D800机身即时取景拨杆

◎ 50mm ✹ f/2 〰 1/500s ⓘ 100

强大的面部识别功能，为人像拍摄提供了便利，拍摄时人脸即使稍微偏离对焦中心，也可以自动实现精确对焦

7.12　男士人像拍摄技巧

拍摄男士肖像，重点在于突出其阳刚率性的一面，阳刚是一种由内而外散发出来的气质，无论是人物自信的表情神态、生气时愤怒的情感宣泄甚至工作时认真的状态都是值得去表现的。实拍时需要注意这样几个方面。

用光方面，应当尽量避免使用过于柔和的光线，硬光所产生的强烈影调更能凸显男性人物的阳刚特质。侧向的光线可以扩大阴影面积，结合暗侧黑布吸光，可以增加男性人物的神秘深沉感。

姿势方面，可以给被摄对象一个情境让其自由发挥，从而抓取其最自然的动作神态。如果需要摆姿，可以采用手插裤兜或是扯拉衣领等摆姿，头微微上扬显得更自信，而稍低头则可以透露出深沉的美。面部表情应尽量放松，带有一种自信、无所畏惧的强大气场。

服装搭配方面，可以搭配西服工装等干练的服装，这样能让注意力更多地集中在人物状态上。造型既可以充满朝气，也可以沉稳老练，在实拍过程中应根据被摄人物的实际特点选择。总之，男士的服装造型一定要大气，应表现出很强的场控力，从而将男人或从容优雅或成熟持重的特殊气质表现出来。

◎ 38mm　✳ f/8　〰 1/100s　ISO 100

让被摄男士自由走动，随意抓拍的拍摄方式，可以避免拍摄带来的紧张感，侧向光线突出了男士冷峻个性

◎ 50mm　✳ f/6.3　〰 1/125s　ISO 100

简单的服饰搭配让男士的表情占据主导地位，自信的眼神是画面中的亮点

7.13 旅游人像实拍技巧

在拍摄旅游人像照片时，了解一些简单实用的技巧，可以大幅提升拍摄质量。

1. 使用程序曝光

为了充分享受旅游的乐趣，避免分心于调整相机的复杂设置，可以按住D800机身的MODE按钮，并转动主拨盘设置相机为程序曝光模式（即P模式）。该模式下，拍摄者所要做的只是举起相机并按下快门。在绝大多数情况下，可以得到曝光正确的照片。

2. 避免人物居中

刚拿起单反相机拍摄的影友，在构图时容易不自觉地将被摄主体放置在画面中央，在旅游纪念照中这种现象尤为明显。居中的构图方式容易显得死板，并且被摄人物容易与身后景物形成冲突。对此，应让被摄者稍稍移动并处在画面的一侧，而背后的风景则从空出的另一侧显露出来。只需稍稍移动相机就可以拍出更完美的照片，何乐而不为？

3. 适当缩小光圈

当使用长焦镜头拍摄旅游人像照片时，为了保持背景的相对清晰，让观者一眼就能分辨出拍摄地点，应适当缩小光圈（在F8左右较合适）。这样就可以获得被摄人物和背景都清晰的效果。

4. 选择阴影处拍摄

如果天气晴朗，强烈的直射光线容易在人物面部投射出浓重的阴影，且被摄者容易睁不开眼睛，而显得疲惫不堪。此时，应让被摄者到阴凉处，并使用反光板等为人物暗部补光。

5. 在民俗节日前往

这是最容易被忽视的，某种程度上也是拍摄优秀旅行作品最为重要的一点。前往具有名族特色的村落山寨旅游前，了解当地人的节日，选择合适的日程前往，可以让拍摄的照片更加精彩，获得事半功倍的效果。

6. 利用局部光单独照亮被摄人物

在人工或天然环境中，存在一些类似竖井、一线天的特色景点，在一天中的某些时段，会有小面积的光线透射下来。可以利用这种光线单独照亮被摄人物，拍出具有神秘气息的旅游照片。

D800拍摄模式转换示意图

50mm | f/8 | 1/80s | ISO 200

将少数民族姑娘安排在画面一角，并将观者视线引导向背景村寨，小光圈的设置保证了人物与景物都相对清晰

阴天柔和的散射光下，开启相机的全自动模式，就可以轻松获得正确的曝光和色彩还原

7.14　捕捉儿童的童真一刻

儿童摄影是我们热衷的拍摄题材，他们天真活泼、毫不造作，但想要捕捉到孩子们童真的画面也有一定难度，实拍可以从这样几点着手。

高速快门

对于活泼好动的儿童，拍摄时保持较高的快门速度是非常必要的，否则很容易拍出不清晰的照片。一般快门速度不应低于1/250秒。高速快门有利于在儿童玩闹的时候抓拍，也可配合相机的连拍功能进行连续拍摄，提高拍摄成功率的同时，还可以形成一组有趣的照片。

有趣的拍摄地点

儿童天真活泼，对身边的新鲜事物充满好奇心，一般不会在一个地点待很久，有趣的环境可以充分调动孩子的积极性。例如游乐场、环境优美的公园、孩子自己的卧室等，这样就可以在玩乐中抓拍他们最自然的、天性流露的瞬间。而在背景颜色的选择上，明快鲜艳的景色彩搭配更符合儿童玩耍时无忧无虑的情绪特点。

户外使用长焦镜头

户外环境虽然可以带给孩子新鲜感，但也让孩子更加活泼好动，而不会安静地面对镜头。对此，在拍摄时可以使用长焦镜头在远处捕捉儿童嬉戏时最自然的动作和表情。这样可以避免儿童在近处面对镜头可能出现的负面情绪。

此外，使用长焦镜头还有利于在儿童玩耍的杂乱场景中截取背景，从而使拍摄画面更简洁，儿童主体在画面中也更为突出。

制造有趣的场景

有时，有趣的画面是需要人为制造的，买一个雪糕等待孩子吃得满脸都是；或是让孩子拽着风筝奔跑；在逆光下用泡泡机吹出动人的肥皂泡都是不错的想法。

与家人温情合影

在父母身边，孩子的童真会被无限放大，他们会抱着父母撒娇，甚至表现出温情的一面，此时镜头里满溢着浓浓的亲情。

稍大一些的孩子，可以选择一些互动项目。父母和孩子一同坐旋转木马或者在树荫下玩飞盘，都是很好的拍摄题材，玩累了一起躺在草坪上，用广角镜头轻松地记录下这一美好时刻。

300mm　f/4　1/800s　ISO 200

在户外，长焦镜头是抓拍儿童的利器，对背景的虚化能力是另一大优势，逆光勾勒出孩子的发丝，"小钳子"的动作颇为淘气

125mm　f/4.5　1/500s　ISO 100

和家人在一起，让宝宝的状态更自然，视线看向画面外有时也会产生不错的效果，给予观众更多遐想空间

◎ 38mm ✻ f/5.6 ▒ 1/125s ⊡ 200

一组由长焦镜头拍摄的照片，将孩子天真烂漫的性格展现得淋漓尽致

拍摄过程中突然呼唤宝宝的名字，然后抓取有趣的表情，是常有的手法，且屡试不爽

7.15 拍摄经典黑白人像

黑白人像照片相对彩色照片来说，由于排除了色彩的干扰，显得更纯粹，从而有助于将注意力集中在人物状态和现场气氛上。另一方面，黑白照片有别于平时的视觉感受，可以带来新奇的观赏体验。

近年来，早期电影海报式的黑白人像被影友们争相模仿。为了获得更怀旧的效果，在拍摄时可以从以下几方面加以润饰。

1. 纯色背景突出人物

黑白人像照片已经排除了色彩的干扰，为了进一步弱化背景，可以使用纯色背景。结合背景光的使用，还可以在纯色背景上创造出渐变的效果。

2. 发光将人物主体与背景分离

为了使被摄人物从背景中分离出来，发光可以说是必不可少的。传统的人像照片中，除了来自侧逆方向的发光，来自头顶后方的发光也较为常用。为了防止发光外溢到被摄者的脸部，保险的做法是先关闭其他的灯，只留发光，此时照明效果一目了然。

3. 暗色调营造高贵神秘感

暗色环境背景是经典黑白人像的经典搭配，仔细观察甚至可以发现，大部分特写黑白人物肖像的背景都是深色或者全黑的，这样做的好处是可以营造一种神秘高贵的气氛。

4. 经典的蝶形光

蝶形光由顺光演化而来，是早期好莱坞剧照中常见的光型，被用来表现女性的神秘、柔媚的特点。具体来说，使用正面光线从较高的角度（45°左右）照射下来，就可以在人物鼻子与嘴之间形成蝴蝶形的阴影，根据被摄人物脸型进一步精确调整，还可以制造出两颊的阴影（类似化妆时的侧影），从而进一步修饰脸型，起到瘦脸的作用。

5. 经典小道具的应用

精致而带有时代特征的道具，有利于营造怀旧的氛围，常见的道具有手套、珠宝、话筒等。

| 135mm | f/5.6 | 1/200s | ISO 200 |

色彩分散了观众的注意力，人物在画面中显得不是特别突出

排除了色彩的干扰，人物情绪得以毫无障碍地表达出来，照片整体感觉也更统一、简洁

70mm f/8 1/100s ISO 100

暗色调背景结合侧向光线，黑白的影调，将女性神秘时尚的气质表露无疑

第8章
尼康D800绝美
风光摄影实战

8.1 风光摄影的构图方式选择

风光摄影中的构图方式选择，指的就是对所要拍摄风光中的景物元素进行组织和安排，并在画面中以一定的视觉形式表现出来，从而最终达到突出主体、增强艺术感染力的效果。

下面就为大家介绍几种风光摄影中常用的构图方式。

井字形构图

井字形构图也被称为九宫格构图。这种构图方法就是把画面横竖三等分后，产生4条相互交叉的线将画面分成了9个等大的方格，而4条线两两相交的交叉点就是整个画面的视觉趣味中心。

在实际拍摄时，通过将所要突出的风光主体放置在井字形交叉点上的方法，能够使其在画面中变得更加引人注目，并且还可使整个画面看起来更加符合人们的审美习惯。

而在使用尼康D800时，通过开启取景器的网格线，可以方便快捷地找到画面中的井字形交叉点。

⊙ 160mm ✳ f/5.6 ▨ 1/500s ISO 100

将白色的莲花放置在画面井字形的交叉点上，可以使其在画面中显得更加突出，同时，整个画面看起来也更加和谐、美观

水平线构图

所谓水平线，实际上就是人们所看到的陆地与天空相接的那条直线。而水平线构图指的就是利用画面中平行于上下画框的水平线构建画面的构图方法。

水平线构图通常具有安宁、稳定等特点。在拍摄湖泊、海洋、草原、日出、远山等风光题材的照片时，一般会较多地用到水平线构图。

在使用这种构图方法时，通过将水平线安排在画面中的不同的位置，可以给人带来不同的视觉感受。如果是将水平线居中放置画面会显得较为平淡；如果是将水平线下移，能够强化天空的高远；而如果是将水平线上移，则可以展现出大地或湖泊海洋的广阔。

⊙ 40mm ✳ f/16 ▨ 1/100s ISO 100

将水平线放置在画面的下1/3处，远景处的山川和天空在画面中显得更加广阔、壮丽

画幅选择

画幅就是一张照片的长宽比例，对于风光摄影来说，不同的画幅对照片内容的表现有着不同的作用。通过变换手持相机的方式，可以很容易改变成横画幅或竖画幅。而通过后期剪裁，还可以得到方画幅或宽画幅等特殊的画幅形式。下面就来了解一下这些画幅形式的作用。

横画幅：横画幅是最为常见的一种，最符合人眼的视觉，在拍摄风光时大多使用这种画幅，它可以表现景物的宽阔、舒展之美。

竖画幅：竖画幅一般用于拍摄竖直形状的景物，比如树木、高大建筑等。竖画幅在拍摄风光时，可以表现景物的纵深感和空间感。

方画幅：方画幅拍摄照片给人平稳、规矩、严肃的感觉，在风光摄影中，构图会显得更加饱满、紧凑。

宽画幅：宽画幅就是照片的一条边明显长于另一边，达到2倍以上。宽画幅明显超出了人眼的视觉，给人更加辽阔、开放的感觉。

对角线构图

对角线构图就是将被摄体沿画面对角线方向进行放置的构图方法。在风光摄影中，这种构图方法不但有助于强化所拍摄风光的视觉张力，同时还能使画面中的风光主体显得更具动感和活力。

在实际拍摄时，既可以通过将风光主体安排在画面对角线上的方法，来实现对角线构图的效果，也可以选择那些本身在画面中即具有对角关系的景物直接在画面中构成对角线构图。

此外，还应在拍摄时尽量简化画面中的元素，以使整个画面看起来更加简洁，如此便可使对角线构图效果更加鲜明。

◎ 90mm ✳ f/8 ▦ 1/200s ISO 400

通过适当的取景，沿画面对角线方向放置的白塔使画面的视觉张力得到了有效的加强

前景构图

前景指的是主体前面的景物，其通常在画面中距离镜头最近。

在拍摄风光照片时，既可以利用前景景物作为画面框架框取风光主体；也可以利用其将观者的视线引向风光主体；还可以利用其来平衡画面，从而使整个画面看起来更加均衡。

此外，在选择前景时，还应该尽量选择那些与画面主题关系比较紧密的景物作为前景，这样才能给画面带来有益的效果。而若是选择关系不大的景物作为前景的话，则会使所拍画面显得较为凌乱，同时还有可能出现喧宾夺主的问题。

◎ 32mm ✳ f/11 ▦ 1/160s ISO 100

画面前景处的石块一方面起到了平衡画面的作用，另一方面作为前景画框也起到了框取湖面和远山的作用

8.2 风光摄影的用光注意事项

光线在摄影中不仅作为影像的载体，其本身也是最具表现力的摄影元素之一。通过合理运用光线，可以使我们拍摄出更加生动、也更具感染力的风光摄影作品。

下面了解风光摄影中不同种类光线的用光注意事项。

根据光线照射的形式，将光线分为直射光和散射光。

其中，直射光指的是从一个方向直接照射过来的光线，比如晴天时的太阳光线就属于直射光。通常，这种光线的照射面积较小，光照反差较大，会造成较为鲜明的明暗对比效果。当利用直射光拍摄风光时，可以更好地展现出来景物的质感和立体感。

与直射光相对，散射光是一种首先照射在其他物体表面，然后通过不规则反射所形成的光线。比如，阴天时的自然光线就是漫射光。通常，这种光线的照射面积较大，光线比较均匀。当利用散射光拍摄风光时，可以将景物最丰富的层次和细节展现出来，同时还会给人以柔和、舒适的视觉感受。

◎	70mm
◈	f/4.5
▧	1/250s
ISO	200

晴天的直射光效果虽然光线较硬，但是可以呈现出多种艺术效果。在这幅照片中直射光的照射使郁金香的花瓣呈现出半透明的质感

◎	70mm
◈	f/4.5
▧	1/250s
ISO	200

阴天的漫射光效果比较柔和，适合表现景物的细节。在这幅照片中，处在阴影中的郁金香花朵的色彩和细节得到了真实的再现

顺光，也被称为"正面光"，指的是光线的投射方向和相机的拍摄方向相一致的光线。

采用顺光拍摄时，光线从正面进行照射，这样就可以使被摄体表面受光比较充足和均匀，并且能够呈现出清晰、艳丽的画面效果。

因此，如果想要在画面中更好地展现风光的细节和色彩，那么就可以考虑采用顺光进行拍摄。

不过，由于顺光拍摄时，被摄体正面几乎不产生阴影，因而这样所拍摄出来的风光照片立体感往往较弱，并且所展现出的场景空间透视效果也会显得比较单薄。

所以，为了使所拍摄出来的风光照片不致显得过于生硬，可以利用阴天时的柔和顺光光线进行拍摄。

顺光光位示意图

◎ 18mm		◈ f/16	
▧ 1/125s		ISO 100	

在拍摄大场景风光照片时，晴天顺光光线的使用不仅可以使风光场景中的细节得到清晰地再现，而且也能够使所拍摄的风光看起来更加壮丽

侧光，指的是来自被摄体左侧或右侧的光线，这种光线的光照方向一般会同时与相机、被摄体成90°左右的水平角度。

在风光摄影中，侧光能够使所拍摄的景物呈现出强烈的明暗对比效果，如此便可将其结构和质地更为鲜明地展现在画面之中。所以，侧光也被人们称为"结构光"。

正是由于侧光具有着很强的造型效果，因此在风光摄影中，侧光的使用通常也较为频繁。

侧光光位示意图

22mm f/22 1/80s
ISO 100

在拍摄沙漠风光时，侧光的使用赋予画面以丰富的影调层次，很好地表现出沙漠表面的质地和纹理

逆光，指的是处在被摄体身后正对镜头的光线。

由于当光源处在被摄体身后时，被摄体会对其造成遮挡。因此，在逆光下进行拍摄时，被摄体极易出现曝光不足的情况，同时逆光还会在被摄体边缘的明暗交界处，形成明显的轮廓光效果。

在常规状况下，拍摄者应该尽量避免采用逆光进行拍摄。不过，在有些时候，为了拍摄出具有独特艺术风格的摄影作品，其实是可以将逆光作为一种有效的创作手段进行使用的。

而对于那些经验丰富、技艺高超的风光摄影师来说，逆光是他们经常会采用的光线。通过使用逆光拍摄风光，不仅能够使画面中的主体获得鲜明的轮廓光效果，而且还可以通过进一步压暗主体的方法，拍摄出极具艺术感染力的剪影效果。

逆光光位示意图

35mm f/5.6 1/500s
ISO 100

利用逆光的特性，在曝光时进一步压暗主体景物，可以拍摄出如图所示的剪影效果，而这种剪影效果的使用也让画面显得更加含蓄、唯美

8.3 选择不同的色调

所谓不同的色调，主要体现在不同的色彩会给人以不同的视觉感受。在实际拍摄中，色调主要分为暖色调和冷色调两种。

其中，暖色调的画面通常给人以温暖，温馨的感觉，其画面多由红色、黄色、橙色等色彩组成。在户外黄昏时分拍摄的风光照片，多成暖色调效果。此外，对于尼康D800的用户来说，通过提高相机内部色温值的办法，也可以使拍摄出来的风光照片明显偏暖。

与暖色调相对，冷色调的画面给人以清冷、安静的感觉，其画面多由蓝色、青色、紫色等色彩组成。在临近傍晚时拍摄的风光照片，多成冷色调效果。另外，尼康D800的用户可通过降低相机内部色温值的办法，也可以使所拍摄出来的风光照片呈现出明显的冷色调效果。

32mm f/11 1/160s ISO 100

常规色调

45mm f/8 1/80s ISO 100

在临近傍晚时拍摄雪景，能够使雪景呈现出鲜明的冷调色彩，如此便可将雪的寒冷感展现出来了

70mm · f/4.5 · 1/250s · ISO 200

在黄昏时分拍摄古代建筑，可以得到昏黄的暖调效果，从而呈现出一派古色古香的画面氛围

8.4 稳定相机，清晰成像

尼康D800数码单反相机所具有的3630万有效像素，可以使使用者拍摄出更加细腻的风光照片。不过，与此同时，超高像素所带来的细腻画面也会令一些平时所不被人注意的问题显现出来。

其中最常见的一个问题就是所拍摄的画面显得不够锐利清晰。导致画面显得不够锐利清晰的因素有很多，比如镜头素质，机内锐度设置等，但实际上很多时候，尤其对于快门速度设置通常不会很高的风光摄影来说，造成这一问题的最大的原因还是拍摄时相机的震动。

对于严谨的风光摄影师来说，他们可不会相信什么"铁手"之说，因为他们知道手持拍摄时，只要是稍微一动，就会使最终的成像"利"度不足。而对于使用D800拍摄风光来说，就更是如此了。

所以，当我们要使用D800拍摄风光照片时，为了能够保证最终成像效果的锐利清晰，强烈建议使用三脚架来稳定相机。而当看到借助三脚架所拍摄的风光照片那极具震撼效果的锐利画面时，就会真切地体会到使用三脚架所带来的好处了。

23mm　f/4　1/20s　ISO 100

从这两幅图的对比中，能够明显地看出没有使用三脚架的照片明显被拍虚了，而使用三脚架拍摄的照片成像效果锐利清晰

8.5 白加黑减，修正曝光

不知道大家有没有这样的体会，在使用相机的自动曝光功能拍摄雪景时，所拍摄的雪总是看起来不那么白。在拍摄黑色的岩石时，所拍摄的岩石表面又会显得不那么黑。而使用尼康D800时，利用相机的曝光补偿功能依照"白加黑减"的原则来修正曝光，就可以有效地解决这一问题。

所谓"白加黑减"，指的就是在拍摄纯白色的的景物时，要相应增加曝光补偿；而在拍摄纯黑色的景物时，则要相应地减少曝光补偿。

之所以这么做，主要是因为尼康D800的自动测光系统通常是以18%灰板为基准来测定曝光值的，而在拍摄纯白色和纯黑色的景物时，往往都会将其认定为18%灰色进行测光。这样就会使画面中原本的纯白色和纯黑色景物都被拍成灰色。而"白加黑减"的意义就在于，确保准确还原场景中纯白色和纯黑色景物的真实色彩。

◎ 120mm ❋ f/4 〰 1/250s ISO 100

这幅照片中的银杏树叶在黑色背景的衬托下而格外醒目，而在曝光时，通过适当降低曝光补偿可以使背景的黑色变得更为纯正，从而能够有效地强化这一效果

◎ 19mm ❋ f/13 〰 1/200s ISO 100

在拍摄雪景时，通过适当增加曝光补偿，可以使场景中的白雪看起来更加纯净、洁白

8.6 设置优化校准，拍出更艳丽的风光色彩

通常，具有鲜艳色彩的照片，总是能引发观者观看的兴趣，而对于风光照片来说则更是如此。

为了能够使尼康D800数码单反相机所拍摄风光看起来更加饱和艳丽，可以在拍摄时将相机内部的优化校准设置为风景。值得一提的是，尼康D800可以使用户无须进入菜单，只要按下机身上的专门按钮即可立刻对优化校准进行设置。

此外，相比于胶片相机，数码相机所拍摄出来的照片中，景物的色彩总是会显得有些发灰、发污。尤其是在阴天天气下拍摄风光照片时，这种问题会变得更严重。而为了改善这种情况，还可以通过进一步调整风景优化校准中的对比度和饱和度选项，提高拍摄时的对比度和饱和度设定，这样也可以使画面的色彩显得更艳丽、通透。

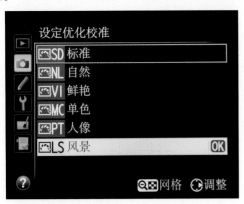

尼康D800设定优化校准菜单中的〔风景〕选项

[○] 18mm [✾] f/5.6 [≋] 1/320s [ISO] 100

从这两幅图的对比中，能够明显地看出使用标准优化校准拍摄的花卉，其色彩表现力明显不如使用风光优化校准拍摄的花卉

8.7 使用大景深，拍出更丰富的风光细节

当想要展现出更多的风光细节时，需要对画面的景深进行有效控制。

通过前面的学习已经知道了，景深越大，画面中的可视清晰范围也就越大，而通过使用广角镜头、缩小光圈、增加拍摄距离等方法，可以使景深增大。

不过，有时即使使用了广角镜头、小光圈也无法得到满意的大景深效果，并且若是再增加拍摄距离的话，还可能会导致所拍摄的画面失去空间感。而这时，最好的办法莫过于使用超焦距。

简单来说，超焦距就是一款镜头在不同光圈档位上都有一个特定的对焦距离处，当焦点处于这一距离上时拥有着最大的景深范围。

不过，对于使用尼康D800的用户来说，由于超焦距的计算比较复杂，因而可以采取如下这种简化的办法。

首先，先设定一个较小的光圈值比如f/16,然后将焦点对准画面下方1/3处的位置上（因为焦点前方的景深通常是后方的1/2，所以这样一来就可以使前、后景都尽可能地囊括进景深范围内），之后通过开启相机的景深预览功能，仔细观察画面中的景深效果并手动对焦点进行微调，待到获得满意的景深效果时，即可完成拍摄。

◎ 28mm ✳ f/16 ▨ 1/100s ISO 100

这幅照片利用广角镜头、小光圈配合超焦距的方法，使画面获得了足够大的景深效果，而较大的景深也使得无论是前景的湖水还是后景的山川在画面中都清晰可见

8.8 大场景风光：山川、原野、沙漠、海洋实拍技巧

人们往往都会被那些震撼人心的大场景风光照片所折服。而大场景风光也可以算作是所有风光题材中最具代表性的拍摄类别。同时，尼康D800所具有的高画质特性也非常适合用来拍摄大场景风光。

下面了解如何使用尼康D800拍摄大场景风光。

山川实拍技巧

拍摄山川并不是一件容易的事情，因为其大多连绵不绝，体量宏大，我们在拍摄时总是会感到难以取舍。但是只要能够掌握一些基本拍摄规律，还是可以拍摄出令人印象深刻的山川风光的。

首先，在拍摄山川时，为了能够获得更大的视野，可以使用尼康D800配合全幅广角镜头进行拍摄。同时，通过寻找一个视野开阔的地方作为拍摄地点，也有利于拍摄出山川的整体形态。一般来说，在山顶上进行拍摄，能够给人以"一览众山小"的视觉感受。而且，在山顶上拍摄，还可以使所拍摄的山川风光显得更具纵深感和空间感，也更加富有气势。

其次，在光线的选择上，晴天时的光线通常是最好的。在这种光线条件下拍摄时，不仅画面会显得比较干净通透，而且若是以蓝天白云充当背景的话，也能让画面中的色彩显得更加丰富。此外，由于晴天时的光线通常比较充足，因而还可以采用尽可能小的光圈进行拍摄，如此便可使从近到远的山川都能够较为清晰地呈现在画面之中。

而除了晴天的光线以外，利用日出、日落时候的暖色调光线拍摄山川，还可以让画面具有更为独特的视觉效果。并且，在日出、日落时的斜射光线照射下，所拍摄的山川在明暗对比效果的作用下也会显得更具立体感。

利用日出时的暖色调光线拍摄山川的一角，可以呈现出日照金山的独特视觉效果

选择在山顶拍摄，可以以更加广阔的视野展现出山川的全貌，同时在晴天充足光线的照射下，山川的景致也被较为清晰地呈现出来

原野实拍技巧

原野总是给人以辽远开阔、一望无际的印象。而若想拍好原野风光，一方面要注意寻找具有形式感的场景，另一方面还要安排好地平线的位置。

由于原野上的景观从远处看去都是一样的，因此往往不知道该将什么作为拍摄对象。其实大可不必纠结于此，如果找不到具象的事物来拍摄，不妨找一些抽象的线条来表达一种形式之美。

比如，车轮驶过留下的痕迹，或是草场起伏的线条，抑或是由于光线照射所形成的明暗交错的线条等。在实际拍摄时，可以使用尼康D800配合中长焦镜头镜头进行拍摄，如此便能将原野中的线条元素进行压缩，从而使其以一种更加鲜明、紧凑的方式呈现在画面之中。

此外，在一望无边的原野上拍摄时，难免会拍摄到地平线。根据之前曾提到的水平线构图原则，画面上下1/3处是放置地平线的最佳位置。因此，将地平线放在这两个位置，整个画面会显得更加开阔，也更具震撼效果。

那么，到底是将地平线放在上面1/3处还是下面1/3处呢？这就要视现场的环境状况以及所要表现的内容来决定了。

比如，当天空中的云彩或晚霞都很美，而原野上的景物却显得比较单一时，就可将地平线放在下1/3处，从而留出更多的画面空间来表现天空的美景。反之，如果天空中空无一物，而原野上的景物却是丰富多彩的，那么就可要将地平线放在上1/3处，从而可以将更多的画面空间用来表现原野本身的美丽景致。

◎ 55mm　✱ f/11　▓ 1/80s　ISO 100

通过将地平线放在画面的下1/3处，可以使天空中火烧云的美丽景观更加鲜明地呈现在画面之中，同时也带来了更为开阔的视觉效果

沙漠实拍技巧

那些越是难得一见的风光，在照片中呈现出来时也就越能吸引人们的眼球，而沙漠则正是这样的风光。不过，在光线比较平淡的时候，沙漠上的光照通常比较均匀、色调也趋近一致，会显得缺乏变化、平淡无奇。

因此，在拍摄时间的选择上，最好是在光线的照射角度比较低的时候进行拍摄。比如清晨和黄昏时的光线就比较适合用来拍摄沙漠。清晨或黄昏时的低角度斜射光线可以让沙漠产生良好的明暗对比效果，从而能够更好地表现出沙漠的质感和纹理。

而在光线照射方向的选择上，则可尽量使用侧光、侧逆光进行拍摄，这样不但有助于表现出沙漠的外形轮廓，使画面的明暗影调富有变化，而且还有助于增大沙漠本身的色调反差，从而达到丰富画面层次，使沙漠更具立体感的作用。

在实际拍摄时，可以使用尼康D800的点测光功能，针对沙漠的明暗交界处进行测光，这样就可以获得一个较为折中的曝光方案，从而使明、暗处的景物细节都能够得到较为充分的展现。

提示

由于沙漠中的风沙通常比较大，稍不留心就会让灰尘进入相机，给相机带来损坏。因此，对于使用价格不菲的尼康D800相机的用户来说，一定要留意相机的保护。

通常，在有风的时候最好不要拍摄。若是一定要拍摄的话，也要用塑料袋或者保鲜膜之类的东西将机身和镜头包裹起来，只露出镜头的进光部分。而且，还要尽量减少更换镜头的次数。若是一定要更换镜头时，也要在没有起风的时候在相机包或衣服的遮蔽下迅速更换。

◎ 28mm ✸ f/11 ▨ 1/160s ISO 100

侧光的使用，使得场景中的明暗对比和反差更加明显，而沙漠的轮廓和质感也由此在画面中得到了较好的展现

◎ 22mm ✸ f/16 ▨ 1/100s ISO 100

通过使用点测光功能针对沙漠中的明暗交界处进行测光拍摄，使得沙漠的明、暗部细节都得到了较为充分的展现

海洋实拍技巧

海洋作为大场景风光摄影的拍摄对象之一。若是拍摄方法得当，可以得到出色的海洋风光摄影作品。

在实际拍摄时，如果我们只是去拍摄空无一物的海面，也就不会有任何吸引人的地方。其实，海边能够拍摄的元素有很多，可以多去选择那些具有美感的事物进行拍摄。比如波涛汹涌的浪花、海上的日出日落、海边的人群、海上的船只、海边的椰树等。

与拍摄原野时的情况类似，在拍摄海洋时，画面中的海平线也不宜居中放置，因为这样会让画面显得过于呆板。正确的做法是让海平线大体位于画面的上部1/3或下部1/3左右的位置。

处理海平线的另一个要诀是要保持海平线的水平，倾斜的海平线会让画面显得不稳定，也会让观者在视觉上产生不适感。在实际拍摄的过程中，可以开启尼康D800内部的双轴电子虚拟水平仪，来确保所拍摄的海平线在画面中处于水平状态。

◎ 35mm ❂ f/8 ▨ 1/320s ⒤ 100

在拍摄海景时，海边沙滩上的阳伞和凳子的加入，为画面增添了更多的情趣

◎ 160mm ❂ f/4 ▨ 1/160s ⒤ 100

通过将海平线放置在画面的下1/3处，不仅可以使天空中的日出之美在画面中进一步凸显出来，同时保持水平的海平面也使得整个画面看起来更加自然、和谐

8.9 小品风光：花卉实拍技巧

花卉是刚刚拿起单反相机的影友们最常拍摄的摄影题材，虽然这样的小品风光看起来很简单，但实际上要想拍好也是大有学问的，下面介绍使用尼康D800拍摄花卉的实拍技巧。

选择独特的拍摄角度

一般来说，人们观看花朵都习惯俯视观看，而如果拍摄花卉也是以这样的角度来拍摄，效果肯定比较一般。

其实，完全可以尝试低下身子，以仰视的角度从花朵下面往上拍摄。这样不但能够给观者带来一个新颖独特的观看角度，而且还能够有效利用简洁的天空作为背景，进一步衬托出花卉之美。

在实际拍摄时，最好使用尼康D800配合广角镜头进行拍摄。广角镜头的使用不仅能够拍摄到完整的花卉，而且利用广角镜头的透视夸张效果，也能使所拍摄的花卉照片更具视觉张力。

此外，在拍摄地点的选择上，如果花卉的周围都是高大的树木的话，那么所拍摄出来的花卉照片也会显得比较杂乱。因此，最好是选择那些花卉周围环境比较空旷的地方进行拍摄。

◎ 18mm
✹ f/3.5
▩ 1/4000s
ISO 200

在户外以天空为背景仰视拍摄郁金香，简洁的天空背景衬托出郁金香的美艳，而广角镜头的使用也使得整个画面更具视觉张力

选择简洁的背景

之前提到的以天空为背景是获得简洁背景的好方法。除此之外，还可以将深色或者黑色的景物作为背景。而这样的背景选择可以在使画面变得更加简洁的同时，让花卉本身的色彩得以在画面中更加鲜明地展现出来。

在实际拍摄时，有很多种方法都可以制造出暗背景，比如可以以阴影作背景，或是使用闪光灯给照亮花卉主体并压暗背景，抑或是使用黑色背景布等。

无论是使用上述哪种制造暗背景的方法，都需要注意在测光的时候，尽量使用尼康D800的点测光模式针对花卉主体进行测光，这样一方面可以保证花朵主体曝光准确，另一方面也可以起到进一步压暗深色或黑色背景的目的。

◎ 60mm ✹ f/8 ▩ 1/200s ISO 100

通过使用点测光将花卉主体的明暗程度作为曝光的依据，可以使深色或黑色的背景在拍摄时被进一步压暗，而花卉主体则可以在画面中显得更加突出

使用小景深

拍摄花卉最重要的就是要使画面简洁、主体突出。而除了可以选择简洁的背景以外，还可以利用小景深的虚化效果来达到这一目的。

尼康D800所具有的全画幅图像传感器，本身就可以轻松获得较好的虚化效果。而通过在拍摄时使用大光圈配合长焦距的方法，则可以使画面中的虚化效果更为显著。

不过，在使用大光圈配合长焦距进行拍摄的过程中还有几点需要注意。

一是，对于不同的镜头来说，其最大光圈是不同的，比如有的是f/3.5，有的是f/1.4等。而采用最大光圈所拍摄照片的图像质量往往会有所下降，所以也不必非得去使用镜头的最大光圈进行拍摄，通常，收缩两挡光圈所获得的画质会更好一些。

二是，虽说焦距越长的镜头虚化效果也就越好，但过长的焦距不仅会引起成像质量的下降，而且还很容易出现画面被拍虚了的情况。所以使用长焦镜头拍摄花卉的时候，一方面焦距的长度要适当，另一方面最好在拍摄时配合使用三脚架来稳定相机。

◎ 100mm ❋ f/4 ▦ 1/200s ISO 100

使用大光圈配合长焦距进行拍摄，可以获得如图所示的浅景深效果，同时，在拍摄时还需要注意对图像质量的控制

使用微距镜头拍摄花卉

如果已经厌倦了一般的花卉拍摄方式，那么不妨尝试使用微距镜头拍摄不为人所熟知的微观花卉世界。

首先，一款微距镜头是少不了的，作为尼康D800的用户来说，不论原厂还是副厂都有多款微距镜头可供选择。在使用微距镜头时，镜头焦距的细微变化，都会引起画面中清晰的部分的变化，所以还需要使用三脚架来稳定相机，以确保不会出现脱焦的问题。

其次，不可一味使用大光圈进行拍摄。这主要是因为微距镜头的景深本来就小，若是再使用特别大的光圈的话，很可能会使画面被过度虚化，进而导致花卉细节的缺失。因此，最终光圈的大小还是要视拍摄意图而定。

最后，由于微距拍摄的景深通常都比较小，使用自动对焦很难对焦准确，所以最好使用手动对焦。在使用手动对焦时，还可以打开尼康D800的实时取景功能，放大画面的细节，以更好地查看是否对焦准确。

◎ 18mm
✳ f/3.5
▨ 1/4000s
ISO 200

使用微距镜头拍摄的花卉细节清晰可见，而恰当的景深也将晶莹剔透的水滴呈现出来，从而使所拍摄的花卉更显生机

在家摆拍花卉

一提到拍摄花卉，大家首先想到也许就是找一个路边花坛或者去公园的花丛中拍摄。但其实，在家里对花卉进行摆拍也是一个不错的选择。这样一方面不会受天气因素的影响，另一方面也可以发挥更多的创造性。当在家里摆拍花卉时主要应该注意以下几点。

首先，在光线的的选择上，可以利用从窗户射进来的自然光线拍摄，窗外射进来的光线比之人造光线会显得更加自然柔和。

其次，在背景的选择上，可以选择家中的浅色墙壁或家居充当背景，通过适当过曝的方法拍摄出具有高调效果的亮丽花卉。

此外，还可以充分利用家中现有的花瓶、小摆件等来丰富画面的内容，营造出更为有趣的拍摄效果。

这里需要注意的一点是，在家中摆拍花卉时，最好使用三角架来稳定相机。这样不仅可以保证成像的清晰，而且在拍摄过程中，也便于随时腾出手来，对花卉的摆放位置和形态进行微调。

◎ 70mm ✳ f/2.8 ▨ 1/50s ISO 200

利用窗外的和暖阳光照亮玫瑰花主体，同时，在浅色背景的衬托下，玫瑰花主体也在画面中显得格外亮丽

这幅精美的花卉摄影作品，一方面在背景的选择上简
洁明了，另一方面极浅的景深效果也进一步将花卉之
美在画面中凸显出来

8.10 动感风光：流动的水和云实拍技巧

时而舒缓灵动，时而气势磅礴的流水，可以表达出很多不同的意境。而通过使用不同的拍摄技法，则能够将同一个场景中的流水拍出不同的效果，比如水花飞溅的瞬间，或者曼妙飘渺的水雾等。

具体到操作上，首先，要使用尼康D800的快门使优先模式来设置相应的快门速度。若是设置较高的快门速度（如1/500秒）进行拍摄，就可以得到水花飞溅、喷珠飞玉的效果。而若是设置较低的高门速度（如1秒）就可以记录下流水的流动轨迹，将其拍摄成如丝如雾的效果。

其次，对于使用高速快门拍摄来说，为了能够获得更高的快门速度，可以适当提高感光度；而对于使用低速快门拍摄来说，有时则需要为镜头加装中灰滤镜以减少进光量，从而得到更低的快门速度。

除了流水以外，天空中的云层其实也是时刻处于运动状态的，只不过云层的运动十分细微，人们难以通过肉眼捕捉到而已。

而拍摄流动的云的方法其实也很简单。先要在一个风气云涌的天气条件下，使用三脚架来稳定相机。然后根据需要，使用若干片中灰密度镜来抑制进光量。最后，通过快门线以B门的方式进行长时间的曝光拍摄，就可以获得极具震撼效果的动感风光照片了。

55mm f/32 5s ISO 100

原本水花四溅的流水在慢速快门的拍摄下可以呈现出丝一样的柔美效果，而如果在拍摄时现场光线太过强烈的话，则可考虑为镜头加装中灰滤镜，以确保在曝光正常的前提下能够使用更低的快门速度

14mm f/22 B ISO 100

画面中的云，在慢速快门的作用下都呈现出明显的雾化效果，配合广角镜头的使用，给人以极具动感和震撼力的视觉感受

8.11 剪影风光：日出日落实拍技巧

日出日落时的光线效果通常较为柔和，色彩也较为温润，能够形成颇具诗意的画面氛围。任何景物在日出日落的光辉下也往往会展现出不一样的视觉效果。

但也正是由于此时的光线比较特殊，因而拍摄起来也有一些特殊的方法。这其中效果比较好的方法，就是利用日出日落拍摄剪影风光。

对于使用尼康D800相机的用户来说，在利用日出日落拍摄剪影风光时，先要对相机进行如下的设置。

1. 使用全手动模式。日出日落时的光线比较复杂，使用其他拍摄模式拍摄效果可能会不甚理想。而通过使用全手动模式，就可以手动对曝光量进行设置，从而得到自己想要的曝光效果。比如拍摄剪影效果的话，就应该采用曝光不足的曝光设置。

2. 将白平衡设置为阴影或阴天。使用阴影或者阴天白平衡，可以加深日出或日落时的昏黄色调。同时，也可

以通过提高机内色温值，或者先使用RAW格式拍摄，再通过后期进行调整的方法，进一步加强画面的暖色调效果。

在相机设置完成以后，为了获得剪影的效果，需要将镜头正对日出或日落，以逆光的方式拍摄场中的景物。

而在选择要拍成剪影的主体时，则应尽量选择那些轮廓比较鲜明、优美的景物，如建筑、雕塑等。

此外，如果对于全手动曝光模式不能熟练运用，那么在使用其他拍摄模式时，需要对天空进行测光，然后使用曝光锁定键锁定曝光，再重新构图进行拍摄，这样才不会出现主体过于明亮，而天空又曝光过度的情况。

最后，还需要特别特别注意的一点是，在拍摄日出日落时，一定要等到肉眼能够直视太阳时再进行拍摄。这主要是因为强烈的阳光通过镜片的汇聚作用可能会对相机里的感光元件造成损伤。

55mm   f/32   5s   ISO 100

日落时分，逆光下造型优美的凉亭和凉亭下的人物构成了画面的剪影主体，湖面和远山则为画面增添了更多的层次，整幅照片意境深远、影调迷人

8.12　建筑实拍技巧

拍摄城市景观并不像拍摄自然风光那样需要跋山涉水地去寻找秀美景色。因此，人文风光相对于自然风光来说，拍摄起来也要更加方便。在我们的身边其实就有很多可以拍摄的城市景观，而城市现代建筑和古代建筑则是最为常见的人文风光拍摄题材。

现代建筑实拍技巧

富有设计感的现代建筑，往往给人以抽象的美感。玻璃幕墙和钢铁结构所形成的城市森林，也逐渐成为越来越多人所喜爱的拍摄题材。下面我们就从用光、构图等几个方面来看一看如何使用尼康D800拍摄现代建筑。

用光技巧

首先，在拍摄时间的选择上，为了能够真实地再现现代建筑的设计之美，最好选择天气晴好，空气通透的时间进行拍摄。而之所以选择晴天拍摄，还因为考虑到现代建筑在色彩上主要以灰色调为主，如果是在阴天拍摄的话，那画面中连天空带建筑就全是灰色了，这样不仅显得有些单调，也极难展现出美感。而在晴天拍摄时，蓝天白云的加入不仅可以起到丰富画面色彩的作用，而且还会使那些崭新的现代建筑看起来更具生机和活力。

其次，在光线照射方向的选择上，对于现代建筑的拍摄来说，最有利的光线照射方向是顺光，其次是侧光，最后是逆光。

顺光可以最大限度地表现建筑主体的细节和天空的色彩，在实际拍摄时，为了能够使顺光的作用体现得更加明显，可以使用尼康D800最新的3D 彩色矩阵测光III这一测光模式对整个场景进行全方位地测光拍摄。

与顺光相比，侧光的使用会让建筑主体一半处于明亮之中，一半处于阴影之中，虽说这样会造成一定的细节缺失，但却也可使建筑主体看起来更具立体感。

如果说侧光对于现代建筑的拍摄来说是好坏各半的话，那么逆光拍摄时所产生的眩光不仅会给画面蒙上一层难看的灰白颜色，并且现代建筑本身也不会展现出更多的

◉ 16mm　✦ f/13　▨ 1/1000s　ISO 100

天气晴朗的时候,最适合拍摄现代建筑,建筑的外部特征可以得到较好的展现,而蓝天白云映衬下的现代建筑也会显得更具生机和活力

立体感。所以不到万不得已，还是尽量避免采用逆光来拍摄现代建筑。

构图技巧

首先，在拍摄角度的选择上，可以多采用仰拍的方法拍摄现代建筑。大家在生活中可能都会有这样的经验，那就是在仰视一个景物时，这个景物会显得特别高大。而在拍摄现代建筑时，利用仰拍时所产生的透视夸张效果，可以使现代建筑在画面中显得更加高耸、挺拔。

不过，对于仰拍的使用，也要因时因地。这主要是由于仰拍在夸大景物透视感的同时，还会造成明显的透视变形，因此仰拍只适合表现现代建筑的宏大气魄，而不太适合表现现代建筑物的真实形态。

其次，除了拍摄角度的选择以外，表现现代城市建筑最好方法莫过于利用线条元素。城市建筑中的线条元素既包括具有韵律感的重复线条元素，也包括一些颇具造型美感的线条元素。在实际拍摄过程中，为了能够进一步强化现代建筑的形式感，画面中的色彩构成和构图方式也应该力求简练，这样才不会对形式感的表达造成干扰。

◎ 18mm ✴ f/16 ▦ 1/100s ISO 100

在面对摩天大楼时，仰拍不仅能让其看起来更加高大，而且还具有极强的视觉张力

◎ 35mm ✴ f/8 ▦ 1/320s ISO 100

简洁的构图使得国家大剧院的线条之美更加鲜明地呈现在观者眼前，同时，对于水中的倒影的巧妙利用，也进一步强化了画面的形式感

古代建筑实拍技巧

古代建筑与现代建筑比起来，其通常更具造型美感，同时，也往往具有着现代建筑所没有的文化内涵和历史底蕴。

享誉世界的中国古代建筑，不仅记录了华夏民族几千年的灿烂文化，而且在形式上也巧夺天工、别具一格。在拍摄前若能够了解一下古建筑的历史文化背景，其实对于更好地表现古建筑的特点和韵味是大有裨益的。而除了这些以外，使用尼康D800拍摄古代建筑也有一些特定的技巧和规律。

用光技巧

首先，在拍摄时间的选择上，作为承载着历史印记的古代建筑，若想将其以更具感染力的效果呈现在画面之中，那么日出、日落时分无疑是最佳的拍摄时间。如果是在日出时分拍摄，配合着晨光初现，能够更好地展现出古典建筑苍劲雄浑的气魄；而如果是在日落时分拍摄，伴随着落日余晖，则可以强化古典建筑所具有的历史沧桑感。在实际拍摄时，为了强化日出日落时的昏黄效果，可以将尼康D800的白平衡设定为阴天白平衡模式或者也可以直接提高机内色温值设定。

其次，在光线照射方向的选择上，应该多采用侧光或是逆光进行拍摄。这主要是因为侧光和逆光所具有的光线效果更加符合古典建筑古色古香的典雅特质，也更能表现出古典建筑的结构和造型之美。

◎ 28mm ✦ f/8 〰 1/500s ISO 100

画面前景人工河道的加入，不仅丰富了画面的内容，同时还能够将观者的视线引向远处的古代建筑主体

构图技巧

首先，中国的古典建筑都极为讲究对称，而这样的对称性也为那些古典建筑增添了更多的庄重与威严。因此，在拍摄古典建筑时，可以依据建筑本身所具有的对称性，就势进行构图。而最简单的方法就是将建筑主体安排在画面的中央，这样其本身所具有的对称性就可以很自然呈现在画面之中了。

其次，为了避免古典建筑在画面中显得过于呆板，拍摄者可以在画面中适当地加入一些前景景物，以起到丰富画面、衬托主体的作用。在前景的选择上，最好是寻找那些与建筑主体有一定关联的景物，这样就不会让画面看起

来那么突兀。另外，前景的使用切记不应喧宾夺主，无论是通过将其虚化，还是将其放置在画面边缘等方法，都可以有效避免喧宾夺主情况的发生。

此外，人们在拍摄古典建筑时，大都喜欢从正面进行拍摄。其实，有时从侧面拍摄古代建筑，往往会带来与众不同的画面效果。而且，从侧面拍摄还可以使所拍摄的建筑物在画面中看起来更具立体感。如果选择从侧面拍摄古典建筑，那么最好使用尼康D800配合广角镜头进行拍摄。利用广角镜头的夸张效果，不仅可以使所拍画面显得更加独特，而且还能够进一步强化画面的空间感和立体感。

◎ 18mm ✳ f/7.1 〰 1/160s ☉ 100

从侧面拍摄古代建筑，画面中的古代建筑看起来更具立体感

8.13 夜景实拍技巧

与光线较为充足的白天相比，光线较微弱的夜景其实也有着更加绚丽多彩的视觉感受。但是在弱光的条件下，又该怎样拍摄出曝光准确且富有艺术感染力的摄影作品呢？下面就来介绍一下使用尼康D800进行弱光摄影时的一些拍摄方法和注意事项。

夜景拍摄三大法宝

由于夜景拍摄通常需要使用较慢的快门速度进行长时间曝光，因此稳定相机无疑是最为重要的。否则很可能会由于相机抖动造成所拍摄的照片模糊一片。而利用夜景拍摄的三大法宝，三脚架、快门线和反光镜预升，则可以有效地解决这一问题。

三脚架　三脚架是稳定相机几个方法中最重要的一个，也是效果最为明显的。除了应该选择那些稳定性较高的三脚架以外，也最好不要在人流较多或其他易产生晃动的地方架设三脚架。

快门线　手在按动快门的时候也可能会造成机身的轻微抖动，即使是很轻微的抖动，也会对长时间曝光所拍摄的夜景照片造成比较明显的影响。而使用快门线则可以避免手与相机的接触，从而确保相机的稳定。

曝光延迟　相机拍摄时每次曝光都会将反光镜弹起，而反光镜在弹起的时候，也会造成机身的抖动。对于尼康D800来说，通过开启曝光延迟模式，可以在按下快门后先弹起反光镜，然后大约1秒后，相机才会真正释放快门，这样就可以在保持相机稳定的前提下完成曝光。

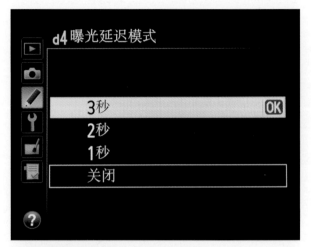

尼康D800自定义设置菜单中的曝光延迟模式选项

快门线　　　　　　　　　　　　三脚架

12mm　f/11　8s　ISO 100

通过使用三脚架、快门线和曝光延迟功能，可以最大限度地维持相机的稳定，从而确保清晰的夜景成像效果

城市夜景实拍技巧

相机设置对于尼康D800的用户来说，在拍摄城市夜景照片时，与一般风光照片的拍摄方法大致相同，那就是使用光圈优先模式，采用较小的光圈值进行拍摄，此时相机会自动设定正常曝光所需的快门速度。

同时，在使用尼康D800拍摄夜景时，为了能够保证最终获得较佳的成像质量，拍摄者应该尽量使用较低的感光度进行拍摄。

用光及曝光技巧

首先，城市夜景拍摄的最佳时间应该是太阳落山后的半个小时左右。这主要因为此时城市灯光已经点亮，而且天空也尚保留着一些亮度。所以，若是在这个时间段内进行拍摄的话，不仅可以利用璀璨的城市灯光营造出五彩斑斓的画面效果，还可以利用天空仅存的一些自然光线拍摄出更多的建筑细节。而且，此时的天空通常也会比夜晚其他时间段的天空显得更蓝。

其次，城市夜景中的明暗反差一般比较大，因此可能会造成相机的自动测光出现偏差。而为了避免测光失误，在拍摄夜景时可以先将相机的测光模式选择为点测光，然后针对画面较为明亮的地方进行测光拍摄，如此便可避免画面中的人造光源出现高光溢出的情况，从而可以使画面中的灯光效果看起来更加自然。

◎ 12mm ✻ f/22 ▨ 8s ISO 100

较小的光圈值和较低的感光度设定，可以在充分展现出城市夜景细节的同时，得到更为纯净画面效果

◎ 24mm ✻ f/16 ▨ 10s ISO 100

这幅照片正是在太阳落山后半小时左右拍摄的，照片中的天空呈现出迷人的蓝色，与璀璨的城市灯光相得益彰

夜景车流实拍技巧

曝光技巧：在拍摄夜景车流时，应根据所使用的镜头以及离车辆的距离远近，通过尼康D800的快门优先模式来设定相应的快门速度。

当使用广角镜头并且距离车辆比较远时，要想拍摄出车流轨迹效果，通常需要10秒以上的快门速度，才能将车流轨迹效果拍得比较好看。

而当使用长焦镜头并且距离车辆比较近时，则即使是使用较短的曝光时间，也可以让车流在画面当中划出很长的轨迹。因此，此时的曝光时间大约在3～5秒即可。

构图技巧

拍摄车流首先最好是选择高楼或者立交桥等视线较好的拍摄地点。然后选择那些车辆相对较多，路灯比较明亮的道路作为拍摄对象，这样所拍出来的车流轨迹会显得较为丰富。

此外，还可以让路面占到画面的1/3～1/2，结合拍摄点的风光和建筑来进行构图，往往能够得到比较理想的拍摄效果。

◎ 28mm ✳ f/22 ▧ 15 ISO 100

夜晚的建筑、路灯和道路等都是构成夜景车流照片不可或缺的重要元素，它们共同起到了为画面增光添彩的作用

星迹实拍技巧

拍摄前准备。

1. 将尼康D800装备上一款具有较大光圈的广角镜头。广角镜头的使用可以获得更大的视野，而大光圈则能使所拍摄的星光轨迹更加鲜明。

2. 电池充好电并准备好备用电池。由于拍摄星迹的一次曝光时间很可能在几十分钟到几小时之间，而相机一节充满电的电池最多只能连续放电两个小时左右的时间，所以拍摄前一定要将电池充满电，而且最好在带上几块备用电池以备不时之需。

3. 选择远离城市的地方作为拍摄地点。这样一方面可以利用较为开阔的场景进行拍摄，另一方面在长时间曝光的过程中也能够不被打扰。

4. 选择每月月初月光较暗的时期进行拍摄，这样可以避免过于明亮的月光对星迹效果造成干扰。

拍摄星迹的步骤

◎ 30mm　🔆 f/5.6　▨ B　ISO 100

通过B门模式长时间曝光，可以得到如图所示的夜晚繁星的运动轨迹，大光圈的使用则使画面中的星迹效果更加鲜明

1. 将相机装载三角架上，安装好快门线。如果三脚架不够稳定的话，还可以在三脚架中轴上吊上摄影包、石头等重物。同时，还要将取景器遮光罩安装在取景器上，以免微弱的光线通过取景器进入相机产生杂光。

2. 在尼康D800的全手动曝光模式下快门速度设置为B门，然后将光圈设置为最大，将感光度设置为最低。

3. 开启尼康D800相机的实时取景功能，通过液晶显示屏进行构图。由于星星是围绕北极星旋转的，因此若是在构图时让北极星出现在画面之中，就可以拍摄出围绕北极星旋转的同心圆星迹。而如果北极星没有出现在画面中，所拍摄的星迹则会是一组弧线。

4. 完成构图后，关闭相机的液晶显示屏，利用快门线按下快门，并将快门锁定。如果所使用的快门线有定时功能，可以将曝光时间直接设置为固定的时长（如1小时）。而如果所使用的快门线没有定时功能，则要在锁定快门后记下当时的时间，在相应时间段后再来关闭快门。由于曝光时间越长，星光的轨迹就越长，而画面中也会产生更多的噪点，因此曝光时间还是要酌情而定。

8.14 黑白风光

现如今已经是彩色摄影的时代了，但为什么又有那么多的专业摄影人士仍然愿意把黑白作为风光摄影的表现方式呢？一个很重要的原因就是黑白所具有的高度抽象能力，能够将一幅风光摄影作品中的构图形式以及光影变换以一种更加纯粹的方式展现出来。

首先来看构图形式。彩色风光摄影作品中，构图形式有很大一部分要取决于色彩元素的运用，而黑白风光则更多地是要以形构图。所谓以形构图，指的就是在构图时要充分利用画面中的各个元素的形态特点，然后将其共同组合成富于形式美感的风光画卷。也就是说，黑白风光摄影更加注重画面中是否能展现出风光景物的线条、结构、造型之美。

再来看光影变幻。在彩色风光摄影作品中光影变幻在很大程度上要取决于色彩的流转。而在黑白风光摄影中，光影变幻主要是依靠景物间的明暗反差和对比来完成的。也就是说，要充分利用画面中的黑、白、灰的层次和变化来展现风光场景中的光影变幻。

此外，黑白所具有的提纯效果，会将画面的构图形式以及光影变幻更为直观地呈现在观者眼前，那些往日可能被艳丽色彩所掩盖的问题，也会毫不客气地暴露出来，这样一来，就对拍摄者的拍摄技巧和摄影水平提出了更高的要求，所以，黑风光摄影也是一种极具挑战性的摄影门类。而对于那些使用定位为专业级别的尼康D800相机的用户来说，则更有理由去应对这一挑战！

◎ 28mm ✺ f/13 〰 1/160 ISO 100

在拍摄圆明园的标志性建筑西洋楼时，黑白比彩色更加适合用来展现断壁残垣中那些难以磨灭的历史痕迹

20mm f/16 1/80s ISO 100

黑白效果的运用，使得这幅风光照片中的构图形式和光影变换以一种更加纯粹的方式展现在观者眼前

第9章

尼康D800精美静物摄影实战

9.1 专业静物摄影的器材

专业静物摄影是一门精确的艺术，除了摄影技术，对器材也有一定的需求，基本配备如下。

高像素的全画幅数码单反相机

D800凭借惊人的3630万有效像素，可以200像素将图像扩印至最大A1海报尺寸（59.4厘米x 84.1厘米）。这对于需要裁切以实现理想构图的静物摄影来说非常有利。此外全画幅的感光原件保证了照片的细节和色调范围。

静物台

静物台是表面由可弯曲的半透明有机玻璃纸形成的一个台面，由于底部与背景之间没有接缝且可以方便的调整添加各种辅助设备（如反光、遮光板），因此布光效果非常丰富，为精确控制光线提供了条件，一般用来拍摄需要精确布光或体积较大的静物。

静物箱

静物箱是一种使用透光材料包裹的专门用于静物拍摄的箱子，通常为正方形，也有少数会制作成圆形、多边形。实拍中，静物箱多使用持续灯光作为光源，用于拍摄相对小件物品，从而制造出无影效果。

自制静物箱及布光

首先将正方体的5个面使用透光材料（白布，琉璃纸等）包裹好，而留出一面作为摄影面，这样就形成了最简单的方形静物箱。然后，把静物妥善地安置在其中。最后在静物上、左、右各放置一盏持续光源的灯，通过调整灯的强弱或距离来达到理想的光照效果。

专业静物台

静物箱

自制静物箱

◎ 50mm ❀ f/16 ▦ 1/125s ⓘ 100

静物台拍摄效果如图，在无缝背景上可进行复杂的布光

9.2 利用家中现有的器具拍摄静物

可能大多人都会觉得静物拍摄属于非常专业商业摄影范畴，所需要的设备也都是非常高端并且昂贵的，比如色温稳定的专业影室闪光灯、专业静物台或静物箱等才能拍出精彩的静物作品。

其实不然，由于数码技术的提高，色温已经越来越容易把控，甚至直接在相机里就可以完成设置而无需添加滤镜等辅助设备，若使用RAW格式拍摄，后期可以方便地调整，从而获得准确的白平衡效果。因此，家中的台灯、荧光灯等持续光源都可以作为静物拍摄的光源，并且操作简单方便，掌握一定的布光技巧，利用家中的台灯，也能拍摄出接近于专业影室效果的静物作品。

一般在利用家中现有器具拍摄静物时，可以采用下列简易布光法。首先使用白纸、盒子搭建平整的背景；然后使用一盏或两盏灯均匀地照亮背景；接下来在静物一侧确定一盏主灯，并调整位置获得满意的造型效果（若需要柔化影调可将类似柔光屏的琉璃纸蒙在灯前）；最后还可添加一盏亮度较弱的灯（将相同亮度的灯拉远也可）作为辅灯，还原静物背光部分的暗部层次。

如图所示，左前方设置一盏台灯作为主灯照亮茶壶，起到造型茶壶的作用，靠近白墙的两盏灯主要照亮背景，兼顾勾勒茶壶的轮廓

📷 100mm ✳ f/8 〰 1/60s ISO 100

使用上述布光方法获得的静物拍摄效果，将茶壶细腻光滑的表面质感呈现出来，照片整体明亮通透

9.3 背景的打造

在拍摄静物时，背景的处理是关键所在，选择恰当的背景可以使照片格调高雅简洁，同时起到烘托画面氛围的作用，常见的背景搭配有这样几种情况。

白中白

白中白，顾名思义，是指在拍摄白色静物时使用白色背景，这样可以获得最洁净通透的画面效果。在拍摄时应注意这样几点。

1. 使用与静物颜色相似的白背景，我们平时所说的白纸其实并不是纯正的白色，新的纸张由于漂白剂的作用容易偏蓝，而随着时间的推移则会偏黄，不同的纸张偏黄的程度也不尽相同，选择和静物相似的白色可以获得更整体的效果。

2. 由于白色静物在画面中一般较背景来说更明亮，因此其实在照片里，白背景严格来说应该是浅灰色的，应避免使用照度过强的光线让白背景曝光过度，过爆的白色背景容易造成白色静物轮廓边缘不清晰而融入背景的问题。

3. 为了强调白色静物的边缘，进一步将其从背景中分离出来，我们还可以使用黑色卡纸在静物边缘吸光，从而使其边缘更加暗。

黑中黑

黑中黑，意思是使用黑色背景拍摄黑色静物，这种方法拍摄，可以凸显其高档感。拍摄时应注意这样几点：

1. 保持静物表面清洁。因为黑色静物表面的灰尘、指纹等在近距离拍摄时会严重影响画面美观，应尽量在拍摄前擦洗干净。

2. 使用轮廓光。在黑色静物两边侧后方向勾勒轮廓，从而将其从背景中剥离出来。

3. 保证黑背景的纯净，在布光时应注意使用物体遮挡射向背景的光线，以确保黑背景是纯净的黑色。

渐变背景

通过向不透光的背景上打光或者从透光的背景后打光都可以获得明暗的渐变效果，在灯前添加色片则可以获得带有色彩的渐变效果。

自然背景

在自然背景下拍摄静物往往可以获得更清新的效果，同时给观者身临其境的感觉。但应避免背景过于杂乱影响美观，拍摄时可以使用大光圈适当虚化背景，通过虚实对比进一步突出被摄静物。

100mm · f/8 · 1/100s · ISO 100

使用柔和的光线照亮白色瓷杯，白背景由于距离较远，呈现浅灰色，画面左侧使用黑布吸光，杯子左边缘呈现深灰色

100mm · f/13 · 1/125s · ISO 100

黑背景结合轮廓光的使用，让黑色静物的形式美表现出来，整体感觉低调素雅

100mm f/22 1/125s ISO 100

主灯为长型柔光箱,放置在画面左侧,在右侧后方的背景灯前添加红色色片,获得红黑色的渐变背景效果,同时勾勒了玻璃器皿的轮廓

65mm f/5.6 1/125s ISO 200

背景整齐排列的酒瓶增添了饮酒的氛围,给予观者身临现场的感受,较大的光圈虚化背景突出酒杯主体

9.4　透明材质的实拍技巧

　　透明材质分为全透明和半透明，它们共同的特点是具有通透性并有一定程度的反光，因而布光方法也较为类似，这里主要以全透明的玻璃器皿为例子来介绍相关布光技巧。

　　在实际拍摄时，重点应放在表现玻璃器皿的轮廓线条及透明质感方面，因而主要有以下两种常见的布光方式。

　　第一，亮背景勾黑边。首先选择浅色或透光背景（若使用浅色或白色的不透明背景，可以使用灯光直接照亮，而如果是透光背景则可在背景后方添加一盏灯来提供照明），然后在玻璃器皿两侧使用黑板挡光。由于杯子是全通透的，因而只有深暗的轮廓存在，俗称"勾黑边"。

　　第二，暗背景勾白边。如果想要玻璃器皿的轮廓形成显眼的明亮白边，首先应选择黑背景或深色背景，然后使用侧逆光勾勒玻璃的轮廓。此时，为了防止产生强烈的炫光应该选择较柔和的光线。例如窗边的自然光，当然选择其他光源如闪光灯加反光板或柔光箱也是可以的。这样拍摄出的照片轮廓高光与暗背景形成强烈的明暗反差，从而突出玻璃极佳的通透性。此外还可以从底部向盛有液体的玻璃器皿打光，这么做可以获得极为炫丽的辅助效果光。

　　有一点需要尤其注意，在暗背景前拍摄玻璃器皿，为了不使相机的影子倒映在玻璃器皿上，一般可以使用黑色遮挡物放置在相机与玻璃器皿之间，并透过中间的开孔进行拍摄。

◎ 85mm　✺ f/13　▨ 1/125s　ISO 100

纯黑背景下，从玻璃器皿两侧勾勒轮廓光，将其通透的特性表现得淋漓尽致

◎ 100mm　✺ f/8　▨ 1/200s　ISO 100

使用闪光灯从白色棉布背景后照射，背景全部过爆，由于四周较暗，产生了明显的玻璃轮廓黑边

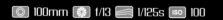 100mm ✱ f/13 ▨ 1/125s ISO 100

杯子被放置在玻璃镜面上，使用黄色光线从背景后透射过来，形成迷人的液体光泽

9.5　反光材质的实拍技巧

　　所谓反光材质，指的是表面材质容易产生反光的物体。比如镜面和大多数金属物体，都具有反光的特性，在拍摄反光材质静物时，一方面要体现金属的独特质感，另一方面还要避免人物或杂乱背景反射出现在照片中。

质感表现

　　在拍摄反光材质时，为防止反差过大而失去细节，一般应使用比较柔和的光线来拍摄。另外，当启用的光源个数越多对反光的控制也就越复杂，所以一般应尽量避免使用过于复杂的布光方法，有时一个柔光箱加若干反光板就可以获得不错的效果。

◎ 100mm　✦ f/7.1　▥ 1/200s　ISO 100

使用柔光箱和反光板包围所有的金属反光面，表达的金属质感呼之欲出

◎ 50mm　✦ f/5.6　▥ 1/125s　ISO 100

简单一光源的布光方式结合纹理质感的背景，同样可以获得不错的金属质感表现，此处略微欠曝保留了高光细节

控制曝光

有些反光材质表面质感丰富（如拉丝金属），稍不留神就容易因为过曝而失去高光细节。这样给后期处理带来很大麻烦，因为一旦曝光过度，会让图片高光部分完全失去细节。拍摄时，应刻意欠曝1～2挡，稍微的暗部欠曝则可通过调整曲线来弥补，宁欠勿曝的曝光原则在拍摄金属制品时尤其重要。

避免杂乱反光

拍摄反光材质最令人头疼的问题就是会产生杂乱反光，由于拍摄的金属静物往往尺寸较小，拍摄距离较近，因而拍出的照片很容易出现拍摄者或杂物反光在静物上的情况。如何避免这种情况发生呢？可以搭建光棚或在相机前拉黑幕只露出镜头来拍摄静物；另一种较简便的选择是使用静物箱或硫酸纸包围反光静物。无论哪一种方法都可以有效地避免金属物品里出现不必要的反光。

当然还可以使用长焦镜头远离静物拍摄，从而减小人影的面积，结合拍摄角度的调整同样可以有效避免反光。

使用硫酸纸包围被摄反光静物示意图

📷 100mm ⚙ f/2.8 ▦ 1/40s ISO 400

未使用硫酸纸包围静物的反光部分，周围杂乱环境映射在静物表面，影响美观

📷 100mm ⚙ f/2.8 ▦ 1/40s ISO 400

使用硫酸纸包围反光静物，并适当调整拍摄角度，静物的反射面就变得干净简洁了

9.6　肌理材质的实拍技巧

所谓肌理材质，其实就是表面粗糙而有纹理的材质，如皮具、掰开的面包等，拍摄这种材质一方面应突出其表面粗糙的纹理质感，另一方面应控制光比，避免暗部细节丢失的现象发生。

侧光突出表面纹理

拍摄机理材质静物时，侧向的光线可以在其表面产生光影，从而获得立体感较强的效果。光线越侧，影子的面积就越大；光线方向性越强，影子的边缘也就越明显。一般来说，对于表面较光滑的肌理材质，应使用位置较高的侧向光线；而对于表面非常粗糙的肌理材质，则应选择位置较低方向性较强的侧向光线。拍摄时还应结合具体状况加以调整。

控制光比

在拍摄某些暗色系肌理材质（如皮革等）时，对光比的控制显得十分重要。尤其当使用方向性较强的侧向光线时，静物粗糙表面亮部与暗部阴影之间的亮度反差不宜过大，以免造成暗部细节丢失。对此，实拍时可以适当添加辅助光为肌理材质的暗部布光，但应控制辅助光的强度，做到还原暗部细节即可，切勿过强而产生矛盾的阴影。较保险的做法是使用反光板来补光。

使用反光抑制剂避免高光曝光过度

拍摄反光性的肌理材质时，为了使整个画面影调更均衡，还有一个办法可以使用，那就是在容易出现高光的部位喷涂反光抑制剂，以避免产生没有细节的硬高光。

◎ 60mm　✳ f/8　〰 1/160s　ISO 100

来自侧上方的柔和光线，突出肌理材质表面质感的同时，保留了阴影部分的细节

9.7 淘宝产品的实拍技巧

随着网上购物这种形式越来越流行，网上商店如雨后春笋般涌现，为网店产品拍摄照片的需求也越来越大。网站商品根据体积大小的不同，大体可以分为鞋子衣帽之类的大件，以及数码产品之类的小件。不同种类的产品拍摄方法也略有不同。

我们在拍摄大件物品时，需要注意以下几点：

1. 突出产品本身是拍摄重点，我们可以选择简洁单一的背景，从而避免不必要的干扰。例如白背景，除了简单大方，还有利于后期抠图更换背景。

2. 构图方面除了可以拍摄完整的产品，还可以选取一些局部细节来着重表现，如产品的铭牌、质地、独特设计等。

3. 对于服饰类的网站产品来说，必须保证正常的曝光，并尽量做到还原产品的真实色彩，比较方便的做法是使用灰卡来矫正色偏。

4. 淘宝商品主要通过照片来展示，为弥补不能到现场挑选的不足，应采取多种角度拍摄，带给顾客身临其境的感觉。

◎ 50mm ✳ f/8 ▨ 1/160s ISO 100

白色背景让观者视线集中在商品上，多角度的展示弥补不能现场挑选的不足，准确的色彩还原保证商家信誉

数码产品一般体积较小且表面质感丰富，为了展现其最有吸引力的一面，我们可以使用以下技巧。

1. 变换拍摄角度。完全正面的拍摄角度容易显得呆板，通过巧妙地摆放物体，稍侧一点往往能显得产品更精致、立体。

2. 展示开启包装的过程。对于外包装较精美的数码产品，还可以模仿整个开启包装的过程，让顾客直观体会产品特色的同时，进一步暗示商品是全新的。

3. 特写正版商标。如果是知名品牌，还可以给商标LOGO或防伪标记以特写，突出其正品身份。

4. 搭配高档附件。此外搭配一些有质感的附件拍摄，同样可以提高商品格调，如展示MP3时，可以搭配高档耳机，使用效果一目了然。但事后应注明附件需另购，以免引起纠纷。

全面展示数码产品打消顾客的后顾之忧

9.8 美食的实拍技巧

所谓民以食为天，美食是日常生活中每天都要接触的。拍摄美食，一般应从色泽上表现食材的独特气质，从而营造出诱人食欲的画面。

中餐

中餐的制作程序往往比较繁杂，要想展现出鲜艳亮丽的颜色需要对观者撒点谎。尽量不去选择全熟的食材，半熟或者全生食材拍摄效果会更好。

在光源的选择上，硬光、柔光要合理选择。例如使用柔光做主光源，色调为暖色，此时拍摄出的食物让人更有食欲。因为相对柔和的光线不会在食材的暗部投下浓重的投影，也不容易产生高光曝光过度的现象，更有利于还原食材原有的色泽和质感。但有时为了表现菜品油腻的感觉，需要使用硬光在侧后方勾勒其轮廓。

西餐

与中餐有所区别的是，西餐本身比较注重色彩搭配和装盘的视觉效果，因而更有利于拍出诱人的照片。在拍摄时主要的精力应放在突出食材新鲜、配料考究上。

暖色调容易令人产生食欲。拍摄西餐大多追求色彩的正常还原，尤其是拍摄肉类或煎炸烘烤制品时，一般适宜

采用暖性光源提供照明，金黄的色泽暗示了食品的新鲜、美味。

搭配食材拍摄。可以搭配新鲜的食材和调味品来拍摄西餐，除了能给人玲琅满目之感，还有利于丰富画面色彩。此外为了增添现场感，还可以结合精致的刀叉烛台等一并拍摄，营造出用餐气氛。

◎ 120mm ✳ f/4 ▧ 1/40s ISO 100

半生食材更有看相，结合侧后方的光位，看上去光泽十足

◎ 100mm ✳ f/8 ▧ 1/125s ISO 100

简约的白色瓷盘突出了食材的新鲜，画面一角放置的叉子，暗示了用餐时从容不迫的优雅氛围

糕点

　　糕点也是美食中的一大类别，拍摄糕点时，为了展现糕点丰富的细节，可以做以下尝试。

　　1. 尽量靠近拍摄，即使是色泽亮丽鲜艳的糕点，如果拍摄距离较远，也容易趋于平淡、显得毫不起眼。而拍摄近距离夸张特写，可以带来区别于人眼平时的视角，因而显得细节十足、富有新意。

　　2. 营造虚化效果：大光圈虚化不但可以排除周围杂物的干扰，还可以营造出梦幻的画面效果。

　　3. 使用相机内置滤镜：我们可以在D800的润饰菜单里选择需要的艺术效果，拍摄出带有各种特效的照片，从而方便地达到吸引眼球的目的。

水果

　　拍摄水果时，如果注意以下几点会使其看上去更新鲜诱人。

　　1. 拍摄前清洁水果，将甘油薄薄地涂抹在其表面，并用棉布擦亮，这样可以提升水果的色彩与光泽度。

　　2. 在拍摄过程中，应避免使用硬光直射，使用带有侧光性质的柔光能有效避免硬高光的产生，让水果显得更饱满，此时暗部可用反光板适当补光，避免反差太大。

　　3. 用喷壶喷出细密的水雾，从而在水果表面凝结成大小不一的水珠，可以让水果看起来更水嫩。

38mm　f/4.5　1/125s　ISO 200

近距离拍摄糕点，展现出丰富的表面纹理，看似随意点缀的花朵、酒杯，让观者不自觉地陶醉在画面中

50mm　f/2　1/100s　ISO 100

通过洗净、打磨的工序，樱桃更加诱人，柔和的光线展现出高饱和的艳丽色彩

第10章
尼康D800运动场景实战

10.1 高速快门定格动态瞬间

当拍摄对快门速度有特定要求时，为了更主动地控制快门速度，可以采用快门优先模式拍摄，具体操作方法是这样的。按住D800机身的MODE按钮，并转动主拨盘将拍摄模式调整到S模式。在拍摄运动场景时，通常会用到S模式。

此时，设置较高的快门速度可以定格精彩的运动瞬间。在光线条件充足的情况下，D800的最高快门速度达到1/8000秒，足够胜任绝大部分的拍摄。实际应用中，常使用高速快门捕捉充满张力的肢体形态，如拳击手击打的动作，跳水运动员空中翻腾的姿态等，这样拍摄出的照片极具视觉冲击力。

那么，快门速度要达到多少才能清晰地凝固运动瞬间呢？一般来说，应根据拍摄距离、物体运动速度及运动方向来决定。当拍摄距离较近、物体运动速度较快且垂

直于拍摄方向时，需要极高的快门速度才能凝固住；而拍摄距离较远、物体运动速度较慢或运动方向与拍摄方向趋于平行时，则不需要那么高的快门速度。

此外，使用S模式结合高速快门拍摄时，因为相机通过调整光圈来保证曝光准确的范围较狭窄，在光线不足时应通过提高感光度来弥补。

300mm f/4 1/500s ISO 1600

游泳运动员的行进方向与拍摄方向垂直，虽然游进速度并不快，仍然需要较高的快门速度才能保持画面清晰

10.2 低速快门表现动感

一般来说，会选择高速快门凝固运动瞬间，得到运动主体清晰的画面；相对地，也可以选择较低的快门速度，使运动中的物体模糊，而原本静止的物体清晰，以一种虚实对比，展现动感。这样拍摄的照片动感十足，在某种程度上夸张了运动物体本身的速度。

低速快门的应用主要有这样两种方式。一种是让相机固定，选择较低的快门速度使运动主体模糊，这就需要精准的构图及对最终画面效果的正确预想。此时快门速度的选择至关重要，快门速度越低、物体运动速度越快，模糊效果就越明显，实际拍摄时应根据需要灵活选择。为了让背景保持足够的清晰，更好地与模糊的运动物体形成参照，一般会适当缩小光圈。

另一种应用方式是采用追随法拍摄，简单来说，就是使用较慢的快门速度（一般在1/30秒~1/125秒之间），通过移动相机进行追随拍摄，这样可以拍出运动主体清晰，而相对静止的背景或前景模糊的画面效果，相对前一种方式这种拍摄方法难度更大，实拍时需要多次尝试。

◎ 135mm ✹ f/11 ▨ 1/30s ISO 100

使用低速快门拍摄百米起跑的瞬间，跑道清晰，而运动员的腿部则相对模糊，强调画面的动感

◎ 32mm ✹ f/7.1 ▨ 1/40s ISO 200

固定机位，小光圈让前景铃铛和背景看台都保持清晰，长跑运动员则成为模糊的虚影

10.3　巧用连拍提高拍摄成功率

对于运动题材，高速连拍是非常实用的功能，通过增加单位时间内的拍摄张数，可以有效提高捕捉运动画面的成功率。D800的连拍速度在FX格式下约为4幅/秒，DX格式下约为5幅/秒，搭配使用MB-D12竖拍手柄，在DX格式下连拍速度可以达到6幅/秒。在使用连拍功能实拍运动物体时，应注意以下两点。

1. 连拍时机的选择

经常拍摄室外体育运动的影友都知道，很多项目在进行过程中存在肢体动作及速度的大幅度转变，如双板滑雪的转向、赛车运动的漂移过弯等。在运动状态转变的瞬间连续拍摄，可以获得一组精彩的照片。

2. 构图上预留空间

连拍时一般没有时间调整构图，为了方便后期裁切，预留一定的空间可以提供一定的便利。

低速连拍挡

高速连拍挡

◎ 200mm　✳ f/8　〰 1/400s　ISO 100

开启跟踪对焦功能，并通过连拍获得一组狼狗奔跑的照片，构图上预留一定空间

10.4 陷阱法拍摄高速固定路线运动

　　所谓陷阱对焦，其实就是预先对即将出现在画面中的运动物体构图并对焦的拍摄方法。

　　具体来说，可以预先估计运动物体经过的位置，并把焦点对准在这个位置，然后关闭自动对焦功能或按住对焦锁定按钮，固定好焦点。待被摄物体进入画面时，立即按下快门按钮。这种方法适合在赛车、高速极限运动、跳高等运动路径相对固定的场景中使用，运用得当可以拍摄出构图理想、画面清晰的照片。

　　在使用D800拍摄这样的运动场景时，为了更方便对焦后重新构图，可以开启D800的手动对焦模式，或直接将镜头的对焦模式拨到M挡。这样就可以手动调整焦点。另一种做法是在重新构图的过程中按住对焦锁定按钮。可以根据自己的喜好在两种方式中自由选择。

◎ 300mm ✳ f/5.6 ▥ 1/400s ISO 400

提前将对焦点安排在赛车要经过的位置，同时锁定焦点

机身手动对焦拨杆

机身对焦锁定按钮

◎ 300mm ✳ f/5.6 ▥ 1/400s ISO 400

在赛车将要经过的瞬间按下快门，从而捕捉到清晰的照片

10.5　追随拍摄强化动静对比

所谓追随拍摄指在拍摄过程中转动相机跟随运动物体，并使其在取景框内保持静止，然后使用较慢快门速度拍摄的一种方法。这种方法拍摄出的照片，运动主体是清晰的，而静止的背景则模糊，从而产生强烈的动静对比。不过这种方法掌握起来比较难，需要一定的实拍经验，拍摄时候需要多次练习，才能提高照片的成功率。下面说几个小窍门，让大家可以快速掌握这一技巧。

1. 选择合适的快门速度。采用追随拍摄法时，如果选择较高的快门速度，则背景容易被凝固，画面的动态效果明显减弱；如果快门速度过低，又难保证运动主体的清晰。因此，一般多设定在1/15秒～1/60秒比较合适。

2. 稳定握持相机。由于拍摄全程都在轻微运动下进行，因此相机的稳定对照片质量起到至关重要的作用。可以双手横握相机，并将相机贴在脸部，使头部和相机作为一个整体运动，手臂微微贴住身体以获得支撑，追拍过程中以腰为轴匀速旋转。

3. 提前移动相机。在整个拍摄过程中，尤其是按下快门前和快门释放的过程中，都应匀速转动相机并保持被摄主体在取景框中相对静止。

4. 使用带防抖功能的镜头。选择一款和D800档次相称的防抖镜头可以有效提高追随拍摄稳定度。如尼康AF-S NIKKOR 70-200mm f/2.8G ED VR就是一款具有较强防抖性能的全幅镜头。

120mm　f/5.6　1/60s　ISO 200

使用追随拍摄的手法，高速运动的赛车清晰呈现在画面中，而背景则模糊，产生不同寻常的动静对比效果

10.6　3D跟踪对焦

　　在拍摄运动物体时，由于主体是运动着的，如果采用常规的单次伺服对焦模式，容易跑焦，造成画面主体模糊的情况。要得到焦点清晰的画面，可使用D800的3D跟踪对焦功能。

　　实拍时，可以这样操作，首先按住机身的AF-ON按钮，之后旋转主拨盘调整到连续自动对焦模式（AF-C），再旋转辅拨盘调整到3D对焦模式。此时相机系统会跟随运动物体的走向，随时改变对焦位置，从而准确对运动物体对焦。

　　D800经过改进，与前几代产品相比，可以对尺寸更小的移动拍摄对象持续对焦，并且能对左右不规则移动的拍摄对象保持对焦，结合区域自动对焦模式可侦测人物的脸部，并将保持其清晰度设为首要任务。这些改进使得3D跟踪对焦成为抓拍的理想选择。

机身AF-ON按钮　　　　　　　　　机身辅拨盘

 135mm　f/3.2　1/1000s　ISO 100

使用3D跟踪对焦，在拍摄运动人物时，具有得天独厚的优势，可以始终保持运动中人物脸部的清晰

第11章
用光诀窍

"光线是摄影的生命"，没有适合的光线，成就一张摄影佳作将成为遥不可及的事。

在户外，根据天气、周围环境等客观因素，光会呈现出不同的形态。例如，晴朗无云的天气，光线直接而强烈；而阴霾多云的天气，则带给我们发散而柔和的光线。

在室内，各种灯具激发着我们的创作欲望，但与此同时，光线的性质也更加难以把控。

如何才能用好光线，拍出独具一格的作品，是影友们共同关心的问题，本章将列举一些用光的提示和小诀窍，相信能有所帮助。

11.1 运用光比

光比是指被摄主体或画面中，受光面与背光面的比值。光比是摄影的重要参数之一。无论使用自然光或是人造光源，光比决定了一幅作品的整体效果和氛围。一般来说，画面中光比越大，反差越大，照片感觉越深沉；而光比越小，反差越小，照片则越柔和。

在风光摄影中，对于沙漠、高山这样棱角分明的拍摄对象，可以利用强烈的侧向光线制造清晰的明暗分界线，从而获得大光比的效果。这种强烈的光比效果可以增强画面的明暗对比，从而突出线条及造型美感。与之相对的，

相对柔美俊秀的山川，则可以选择阴天的柔和光线来营造小光比的效果，从而获得朦胧的意境。

除了风光题材，人像摄影也是对光比较为敏感的摄影类别之一。合埋运用光比，可以更好的展现人物的精神状态，不同的光比效果对作品气氛起到完全不同的衬托作用。例如，纪实摄影中的人物肖像，则多使用大光比的效果，将人物的脸庞刻画的格外写实，营造出一种时光沉淀的厚重感觉；而对于美女糖水人像，小光比的效果更为适合，容易显得人物皮肤白皙、细腻，视觉效果也更舒适。

| ◎ 50mm | ✳ f/13 | ≋ 1/125s | ISO 200 |

采用小光比的布光方式，光线柔和均匀，人物脸部反差较小，整体肤色明亮

| ◎ 50mm | ✳ f/16 | ≋ 1/125s | ISO 200 |

来自模特左侧的硬光，造成大光比的效果，大面积的浓重阴影使人物显得很立体

11.2 黄金光线

在户外利用自然光拍摄，对于时间的选择就显得非常重要了。因为一天中，太阳的位置时刻处在变化之中，而光线的色温和强度也随着时间而改变。一般来说，清晨和黄昏是一天中的黄金拍摄时间段。

一方面，在清晨和黄昏这两个时间段内，太阳会散发出金黄色的光芒，较低的色温使照片呈现出迷人的暖色调。另一方面，由于太阳的照射角度较低，有利于造型被摄主体。一般来说，清晨的光线较透彻、干净，给人感觉较冷；而黄昏的光线相对浑浊、温暖，有助于营造和煦的氛围。

一天中的其他时间，尤其是中午，一般不适合拍照。由于正午光线比较强烈，容易产生强烈的影子。此时，画面中受阳光直接照射的高光与处于阴影之中的暗部明暗反差较大，这就增加了准确曝光的难度。从造型效果上来说，正午偏顶的光线造型效果较差，不利于产生丰富的影调层次，拍出的照片容易使人感觉单调、压抑。

◎ 105mm ✳ f/8 ▦ 1/200s ⬚ 100

正午的阳光缺乏生气，并且由于反差较大，为了确保建筑的准确曝光，天空的层次被损失了

◎ 55mm ✳ f/5.6 ▦ 1/800s ⬚ 200

傍晚时分，柔和温暖的光线增添了画面的气氛，较小的明暗反差有利于兼顾建筑与天空的曝光

11.3　巧妙利用反射光

　　光线在玻璃、水面等光滑物体的表面容易发生反射，物体经过反射产生的影像同样是很好的拍摄对象，拍摄这些反光可以增强画面的趣味感。

　　一般来说，玻璃与水面的反射效果较明显，可以逼真地将景物的原貌反应出来。拍摄时，可将水面倒影和玻璃反光与主体共同安排在画面中，利用对称构图，产生一种对称的美感。或者还可以直接以反射的影像为拍摄主体，获得一种出人意料的画面效果。

　　另外，在外景拍摄人像时，还可以利用反射光为人物补光。例如反光板，就是非常方便又很有效果的反光设备，它反射出的光线较柔和，因此补光效果也较为自然。如果手边没有反光板，可让模特靠近白色或是浅色的物体，利用物体的反光来获得补光，也是不错的选择。不过，这就需要拍摄者多观察周边环境，找到最佳的光线为人物主体补光。

◎ 28mm　✳ f/11　〰 1/160s　ISO 100

利用高层建筑的玻璃幕墙，反射出蓝天白云，倾斜构图增强形式感

◎ 55mm　✳ f/13　〰 1/2s　ISO 200

利用水面倒影与建筑物产生有趣的对比，由于傍晚拍摄，曝光时间较长，水面产生不规则的模糊

11.4　正午强光下的拍摄解决方案

　　一般来说，应尽量避免在正午强光下外出拍摄。一方面，正午的阳光会形成明显的顶光效果，拍出的景物影子短而生硬，容易给人呆板的印象；另一方面，强烈的阳光，容易使景物表面产生反光，从而影响到色彩还原，降低色彩饱和度。但如果碍于条件或时间的限制必须在正午拍摄，可以采用以下几种方法加以改善。

　　对于风光摄影来说，正午的光线塑形效果较差，但晴朗的正午是拍摄云层和天空的绝佳时机。此时，太阳在头顶上方，阳光照射方向与拍摄方向正好相互垂直，偏正镜过滤偏正光的效果较为显著。可以缓慢旋转圆形偏振镜，直到取景框内看到层次最丰富的白云时按下快门。

　　拍摄人像作品，正午光线的最大弊端在于容易在人物面部产生浓重的阴影。最简单的解决方法是选择在树荫下拍摄，光线经过散射相对柔和，产生的影子也较淡；此外，选择一把半透明的遮阳伞或者让模特头戴一顶帽子都是不错的选择，遮阳伞和帽子起到类似遮光罩的作用，可以让光线变得柔和。

◎ 50mm　✳ f/11　〰 1/60s　ISO 100

白色的塔基起到反光板的作用，减弱了正午刺眼阳光造成的阴影，偏振镜还原了云层和天空的细节

◎ 135mm　✳ f/4　〰 1/250s　ISO 100

在正午炙热的阳光下，将模特安排在树荫里是非常明智的选择，帽子起到遮光罩的作用，柔和的光线衬托出模特清纯的气质

11.5　利用现场光线营造氛围

　　所谓现场光，指的是除太阳和闪光灯、影视灯等专门为拍摄而准备的光源之外的其他现场环境光源。现场光在环境中原本就有，一般不能按拍摄需求随意改变，例如街道上的路灯、酒吧里的照明灯、舞台上的照明设备等都可以算做现场光。

　　采用现场光源拍摄的优势是，可以得到一种跟环境很吻合的画面，往往显得更加自然，更有现场感。但环境光由于不能按拍摄的需求随意改变，也就为拍摄增加了难度。现场拍摄的时候，需要多观察周围的光线情况，随时调整拍摄方案。一般来说，如果现场环境光线较暗，为了获得较充足的曝光和低噪点的图片质量，一般多选择较慢的快门速度。因此，三脚架是不可或缺的，它可以有效减轻手持造成的画面模糊。

　　不过，如果是拍摄舞台人像照片时，由于灵活抓拍的需要，三脚架就显得力不从心了。此时，应适当提高相机的感光度，D800的感光度最高可在ISO 6400的基础上增加2EV（相当于ISO 25600），但一般为保证弱光下的照片质量，不推荐超过ISO 3200的设置。

　◎ 18mm　✳ f/13　〰 30s　ISO 200

夜晚光线较暗，需要长时间的曝光，此时稳定相机是最重要的

　◎ 35mm　✳ f/4　〰 1/60s　ISO 1600

利用舞台上的现场环境光，能得到身临其境的舞台效果照片。拍摄时适当提高感光度，才能保持足够的快门速度，方便抓住舞台上最精彩的瞬间

11.6 复杂光线条件下的白平衡设置

D800提供了诸多白平衡设置，自动、白炽灯、荧光灯、晴天、闪光灯、阴天、背阴、手动预设（最多可保存4个值）、选择色温（2500K～10000K），全部都可进行微调，极大方便了不同用户的拍摄需要。

在光线复杂的环境拍摄时，可以简单地将白平衡设定成场景内主要光源的预设值。如在白炽灯为主光源的情况下，可以忽略其他光源，而将白平衡设置为白炽灯模式。

另一种更精确的方法是手动设置色温值，简单来说，需要照片偏黄就提高色温预设值，若希望最终照片偏蓝就降低色温预设值。不过，如果采用RAW格式拍摄，前期拍摄时可以不用过多考虑白平衡的问题，因为后期在软件中可以很方便地随意调整到自己需要的白平衡效果。

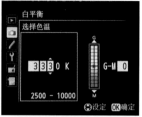

D800的白平衡模式菜单　　　　　D800的选择色温菜单

◎ 22mm ✳ f/22 ▨ 13s ISO 100

同样的曝光参数拍摄，白平衡设定从前至后依次为：自动白平衡、背阴白平衡、和选择色温3500K

11.7　奇妙的光绘

　　使用手电筒、荧光棒、光笔手持点状光源，可以拍摄出非常有趣的光绘照片。具体来说，可以使用小面积光源拍摄黑暗中物体的局部细节，或者用手持光源在黑暗中划出各种形状的光轨。在进行光绘前，我们需要找一个没有杂光干扰的尽量纯黑的环境，并将相机设置为全手动模式，ISO值设置为100。

　　拍摄点状光源划出的光轨时，首先应根据光源的亮度设定合适的光圈值，可以f/8为基准进行调整；然后估算划出完整轨迹所需的快门值（如30秒），并固定好相机、快门释放模式设置为延时自拍；最后将手持光源对着相机镜头划出预想好的轨迹、图形即可。实拍时，划动的轨迹越快，线条也越平滑，设置不同的色温值或对光源进行不同的改造（如遮挡部分光源等），获得的光轨效果也会千变万化。

　　用手持光源描绘物体，相机设置和用点光源作画时类似，只是光源本身不再出现在画面中。在快门释放过程中，被照亮的部分在画面中有细节，而没有被照射的部分则完全是黑色的。实拍时，可以用光线在物体表面先均匀地扫一遍，然后重点刻画物体的局部细节。这样拍摄出的照片会显得细节更丰富。

◎ 100mm ✳ f/10 ▨ 60s ISO 100

利用小面积的光源照亮皮包的局部，光线在皮包表面停留的时间越长，此处就会越明亮，而没有被光线经过的地方则是纯黑

◎ 50mm ✳ f/10 ▨ 25s ISO 100

沿着椅子边缘划动手电筒，方向始终正对镜头，非匀速的划动反而容易得到多变的效果

11.8 内置闪光灯的便利和限制

D800配有内置闪光灯，并设有专门的释放按钮，需手动弹出闪光灯，其闪光指数为12，即在ISO100、f/4时，大约最远可以为3米外的被摄物提供照明。

由于内置闪光灯非常便携（小到几乎可以忽略它的存在），在逆光或者光线昏暗的场景中，手头又没有其他光源可用时，拍摄者可以应急地使用内置闪光灯为被摄对象进行补光。

一般来说，内置闪光灯的功率较小，且位于相机的顶部、无论弹起高度还是照射角度都是相对固定的，因而补光效果往往容易显得生硬，照射距离也非常有限。

对此，一方面应尽量靠近被摄物体，获得较明显的补光效果；另一方面可以使用各种方法尽量柔化光线。具体可以在内置闪光灯前蒙上漫射物（如透明塑料袋等），但应避免用太厚的或带有颜色的材料，以免造成曝光失误或色偏。另外，在拍摄人物肖像时，如果一定要使用机顶闪光灯，应事先对人物面部进行修饰，避免产生油光。

◎ 18mm ✳ f/22 ▨ 200s ISO 200

不采取任何补光措施，天空曝光正常，前景的船只则严重曝光不足

D800的内置闪光灯

◎ 18mm ✳ f/22 ▨ 200s ISO 100

使用机顶闪光灯靠近补光，照亮了前景船只的同时，将天空层次展现出来

11.9 灵活自如的外置闪光灯

外置闪光灯作为单独供电的闪光灯，其与内置闪光灯相比往往功率更大，闪光范围也更远。此外，市面上外接闪光灯普遍具有可旋转灯头，即使连接在相机上也可以较灵活地变换闪光角度。一般来说，离机闪光和反射闪光可以最有效的利用外置闪光灯的灵活性。

离机闪光

由于外接闪光灯的闪光强度和角度完全可控，实拍时可以根据拍摄需要，离机对照射角度和照射强度进行灵活的调节。另外，通过使用外接闪光灯的离机引闪功能，拍摄者还能够同时控制多只处在不同方位的外接闪光灯，从而使所拍摄画面的光影层次更加丰富。

反射闪光

反射闪光顾名思义就将外接闪光灯对着室内天花板、墙壁等闪光，而利用反射回来的光线柔和照亮被摄体的拍摄方法。

在实际拍摄时，应尽量利用外接闪光灯的旋转灯头，尝试从各个角度进行反射闪光，从而找到最佳的反射距离和角度。

在进行反射闪光时，由于反射介质表面的色彩会影响到反射光线色彩，因此，最好选择白色或浅色的物体作为反射介质。另外，在教堂工厂等开阔的空间内，也不适合使用反射闪光。

nikon-sb910外置闪光灯

📷 18mm ✳ f/22 〰 200s ISO 100

使用外置闪光灯从正面连机闪光，光照效果比较生硬

📷 18mm ✳ f/22 〰 200s ISO 100

旋转外置闪光灯的灯头，对侧面白墙反射，获得更加整体、柔和的照明效果

70mm　　f/7.1　　160s　ISO 100

利用外置闪光灯离机闪光，从模特的左侧方照射，
获得出色的光影效果

第12章
创意构图

12.1 独特的视角

在摄影中不同的拍摄角度会形成不同的视角，在独特的视角下拍摄，不仅有助于表达拍摄主题，还可以带给观者更丰富的视觉体验。

仰拍

仰拍就是相机从低处向上进行拍摄。采取仰拍的方式进行拍摄，不仅能够使被摄体在画面中显得更加高大挺拔，结合广角镜头使用还可以夸大景物原本的透视关系，有助于增强画面的视觉冲击力。

在拍摄山川、建筑等景物时，仰拍的使用会显著增强画面的气势；而在拍摄一些花卉照片时，则可以天空为背景进行仰拍，这样就避免了杂乱背景的干扰，使构图更简洁；另外，在拍摄人像时，适当角度的仰拍，还可以让人物的腿部显得更加修长。

俯拍

俯拍顾名思义就是相机从高处向下进行拍摄。采用俯拍的视角，由于视野变得更加开阔，很适合用来呈现波澜壮阔的景象。

同时，由于俯拍会对景物原本的透视关系产生一定的压缩作用，因此可以在画面中容纳更多的元素。通常，在需要展现风光、建筑等景物的全貌时，会较多地采用俯拍的方式。而在拍摄人像照片时，拍摄者也可以利用俯拍的方式拍摄出具有另类视觉感受的人像作品。

局部特写

靠近拍摄一些局部特写，有时也可以获得非常细腻、动人的效果，此时构图宜简洁，不应显得杂乱无章。

◎ 50mm ❀ f/2 ▤ 1/200s ISO 400

在戒指交换过程中拍摄局部特写，简化构图的同时，焦外模糊的宾客更是起到烘托甜蜜氛围的作用

◎ 23mm ❀ f/11 ▤ 1/200s ISO 100

采用仰拍的视角，结合广角镜头使用，夸大了树木的高度，画面充满张力

12.2 线条之美

只要我们留心注意，就会发现日常生活中充斥着各种线条。平稳的地平线、纵向延伸的都市建筑群、灵动活泼的斜线以及各种优美的曲线。利用这些线条构图，可以使我们的作品更具美感。

优美的S形曲线

风光摄影中曲折的海岸线、绵延起伏的山川以及人像摄影中人物婀娜的身形都是最常见的S形曲线。在实际拍摄时利用S形曲线填充构图，可以给人以延伸、变化的视觉感受，使整体画面看上去更优美而富于韵律感。

活力四射的斜线

单纯水平或垂直的直线容易给人单调乏味的感受。此时，只需稍加调整，改变倾斜的角度就可以让直线活跃起来，可以尝试对角线构图，即按照对角线的方向安排直线，这么做的另一个好处是可以充分利用画面空间，使构图更紧凑。

纵深感十足的汇聚线

受到透视规律的影响，通常画面中纵深方向的线条最终都会汇聚到一点。实际拍摄时可以利用这种汇聚线条来构图，在有效地引导观者视线的同时，还能进一步加深画面的空间感。

270mm f/11 1/60s ISO 100

构图紧凑，碧青的S型曲线湖泊，在黄绿色树林的映衬下格外耀眼

50mm f/2.8 1/400s ISO 200

汇聚线加深了画面的纵深感，对角线构图让夜景充满活力和动感

12.3 有趣的对比

实拍时，善于发现或主动创造出一些对比，不但可以使拍摄的照片更具吸引力，还可以进一步突出被摄主体。

明暗对比

明暗对比主要是利用光线的照度不同来产生对比效果，即将需要表现的被摄主体单独照亮，而画面的其他部分则相对较暗。明暗对比利用了人眼习惯从亮部开始观察的特点，从而使被摄主体在画面中更加醒目，构图上也更趋于简洁。

色彩对比

色彩对比即利用对比色的搭配来产生对比效果，如绿色与品色、红色与青色、黄色与蓝色都是较为常见的对比色。实际拍摄时，可以让被摄主体处于对比色的环境中，这样在环境背景衬托下，被摄主体的颜色看起来会更加鲜艳。

动静对比

动静对比是指利用构图元素之间的动静关系来产生有趣的对比效果。一般会采用较低的快门速度，并让被摄主体保持相对静止，而动态的陪体在画面中则相对模糊。

实拍时有这样几点需要注意。

1. 由于需要较慢的快门速度（1/30秒甚至更低），为保证照片清晰应尽量保持相机和被摄主体相对静止。这种情况下对相机握持的稳定度有较高的要求。

2. 被摄主体清晰成像的前提下，快门速度越慢运动的陪体在画面中也越模糊，对比效果也越突出。

3. 如在明亮的环境下拍摄，过慢的快门速度容易产生曝光过度的问题，在镜头前添加中灰密度镜可以解决这一问题。

◎ 65mm ❀ f/16 ▨ 1/160s ISO 100

采用黑背景两边勾轮廓的布光方式，产生显著的明暗对比，将透明的酒杯酒瓶凸显出来

◎ 120mm ❀ f/4 ▨ 1/320s ISO 100

荷花主体接近品红色，背景的荷叶接近绿色，相互映衬显得色彩饱和度更高

◎ 200mm ❀ f/8 ▨ 1/50s ISO 100

追拍的手法使照片中只有赛车是相对清晰的，其余前景背景都动态模糊，照片极富速度感

12.4 引导线的有用之处

在前面的介绍中，已经了解到线条在摄影构图中的造型作用，而其引导观众视线的作用同样不容忽视。恰当安排引导线，可以让观者在欣赏时有迹可循，同时避免照片缺乏立体感而趋于平淡。

只要用心观察，自然环境中存在着各种各样可以用来引导视线的线条元素，最明显的就是河流、山脊、林木等。同时，在我们周围也存在着许多人造的引导线条，比如道路、立交桥，电线杆等等。

拍摄时，只需要把所拍摄的主体放在这些引导线条相互交汇的位置上，就可以将观者的视线引向被摄主体。另外，使用广角镜头可以增强前景引导线的视觉张力，从而获得更加强烈的透视效果。

◎ 24mm ✳ f/11 〰 1/80s ISO 200

贴近地面拍摄，夸张的广角透视效果，将线条的引导汇聚作用放到最大，街拍视角变得不再单调

◎ 32mm ✳ f/13 〰 2s ISO 100

积雪带和两侧道路共同组成引导线，将视线引向远处黄金分割点上的烽火台

12.5 严谨的对称

对称式构图指的是通过画面中景物的对称关系进行构图的方法。对称式构图具有平衡、稳定、画面各元素间相互呼应等特点。一般来说，严谨的对称可分为左右对称和上下对称两类。

左右对称

对于那些本身就具有对称结构的景物（如大多数古代建筑）来说，只需在拍摄时将其中心放置在画面中央分割线的位置上，即可使其呈现出明显的对称式构图效果。

上下对称

而对那些本身不具备对称结构的景物来说，则可利用玻璃、水面等反光介质所具有的反光、倒影来使其在画面中以对称的方式呈现出来。

如果利用水面倒影来形成对称式构图，实拍过程我们应注意以下两点。

第一，选择微风或无风的天气，从而获得更好的反射效果。

第二，如拍摄距离较近，适当缩小光圈可以让被摄主体和倒影都处在景深范围内，从而使画面整体都保持清晰。

此外，还可以使用D800内置的电子虚拟水平仪来辅助构图，更准确地拍摄出横平竖直的建筑照片。

◎ 38mm ✳ f/11 ▤ 1/100s
ISO 200

典型的左右严谨对称，非常适合表现皇家祭祀建筑的庄严、繁复和华丽

◎ 35mm ✳ f/22 ▤ 6s
ISO 100

利用水面产生明显的上下对称构图，建筑物与倒影的交界线处在画面横向黄金分割线上

12.6　大胆的倾斜

如果在构图时倾斜相机，就可以拍出倾斜的照片。与水平的画面不同，在倾斜的画面中，景物的水平线与画面的水平线呈一定角度，整个画面看起来有着明显的倾斜感，给人以一种不稳定的视觉感受。一般来说，倾斜角度越大这种不稳定的感受就越明显。

通常，会利用这种不稳定构图来营造活泼或不安的视觉氛围，实拍过程中有这样几点需要注意。

1. 寻找垂直的柱子、墙或水平的海岸线等线条，从而为观者提供视觉参照，让倾斜的感觉更明显。

2. 可以让拍摄主体倒向一侧，而此时相机若向侧倾倒，则在构图画框中只有背景是倾斜的，被摄主体看起来却很"正常"，从而产生有趣的画面效果。

3. 背景宜简洁，不同方向的倾斜线条易造成杂乱无章的观感，反而无助于主题的表达。

虽然大胆的倾斜构图不失为新颖的尝试，但在使用时应掌握度，滥用反而容易显得肤浅而缺乏新意，在严肃题材和单纯建筑题材摄影中尤其如此。

◎ 38mm　❀ f/8　〰 1/400s　ISO 200

巧妙利用简洁的地平线作为倾斜参照，人物显得活泼洒脱

◎ 20mm　❀ f/13　〰 1/200s　ISO 200

楼宇大幅度倾斜，画面效果出众，给人以新颖活跃的感受

◎ 20mm　❀ f/13　〰 1/200s　ISO 200

稍稍倾斜，角度太小效果不明显，反而容易使人觉得是拍摄失误

12.7 分割画面

一般来说，当照片中只有一个被摄主体，应将其安排在最显著的位置上。但同时存在若干个被摄主体时，应当怎样妥善安排他们呢？

一种思路是让几个被摄主体相互之间产生某种联系，另一种思路则是将他们分割开来，每个主体单独占据画面的一小部分。后一种方法又被称为分割画面法，使用该方法的好处是不必刻意选择主体和陪体，而只是简单地将各个元素分割开，类似于在将一张照片分割成几张照片，由于这几张照片是在同一时间拍摄的，也就蕴含了更加丰富的信息量。

实拍时，可以充分利用各种框架达到分割画面的目的，如晒衣服的竹竿、工厂的大型玻璃窗等，先选择好构图，再安排被摄主体的具体位置，这样就可以获得构思独特、创意十足的照片了。

◎ 38mm ✹ f/5.6 ▩ 1/100s ISO 100

利用教堂的窗户框架分割画面，彩色玻璃被孤立在各自狭小的空间中，搭配在一起却显得更加精致、和谐

12.8 画中有画

画中有画又被称为框架式构图，是一种通过场景中的框架结构来包裹主体的构图方法，即在原本的取景器中再添加一个画框。框架式构图通常具有较强的视觉引导效果，除了突出被摄主体，还可以带给观者一种身临现场的观感。

在使用框架式构图时，可以借助场景中现有的门、窗等具有明显框架结构的景物作为前景，或是通过将前景虚化，利用虚化后所形成的抽象色块构成前景框架，然后将被摄主体放置于前景所构成的框架内构成框架式构图。

实拍构图时可以从以下几点加以考量。

1. 对于体积较大的框架（如门、落地窗），可以只拍摄框架的一部分，这样做可以使画面构图更有新意。

2. 应尽量保持前景框架与被摄主体之间的平衡，切勿使用太过突兀的框架，而应选择和拍摄主题相呼应的框架结构。例如，可以利用斑驳的红色木门作为框架来拍摄放鞭炮的孩子。

3. 应尽量保持框架的横平竖直，以免影响画面稳定，使观者注意力分散到歪斜的框架上。

◎ 28mm ✹ f/4 ▨ 1/400s ISO 100

此处用到对比法，前景古典框架和半成品现代建筑形成强烈的对照，封闭与开放，精致与粗糙，究竟该何去何从

◎ 70mm ✹ f/8 ▨ 1/200s ISO 100

前景岩石框架占绝了绝大部分画面，但作为主体的嶙峋枯木在明亮的蓝天映衬下，反而更加显眼

12.9　巧妙留白

　　摄影虽然源自于绘画，但两者的创作方式有所不同。绘画是加法，创作过程中画家将心中的意向一点一点表现在画布上；而摄影是减法，需要随时剔除画面中不必要的元素，从而使构图更简洁。

　　如果在简洁基础上想获得更加深远的意境，就需要用到另一种构图元素——留白。留白这一概念在国画中尤其受到重视，甚至有"画留三分白，生气随之发"的说法。而在摄影艺术中，留白构图指的就是利用画面中除主体和陪体外的单色背景来构建画面的方法。

　　这里所说的单色背景既可以是雾气、积雪、天空、水面、草原、沙漠或者其他任何单一色调景物，也可以是通过虚化背景所获得的具有单一色调的焦外空间。

　　摄影中留白的使用，一方面可以将主体干净利落地从整个画面中显现出来，有利于强调、突出主体。

　　另一方面，留白的使用也可令整个画面看起来更加简洁、有序。

　　此外，在风光及花卉摄影中，大胆地使用留白还可以营造出古典画意的氛围。

◎ 180mm　✳ f/4.5　▒ 1/400s　ISO 100

极简的构图，画面中只有近处停在栏杆上的鸟儿和远方模糊的树影，将冬天萧索孤寂的美表达出来

◎ 100mm　✳ f/4　▒ 1/200s　ISO 100

充分留白，建筑的深色部分被保留，且被安排在画面横向黄金分割线上，多余的部分则被略去，体现出徽派建筑的形式美

12.10 空间倒置

在观看照片时，总是首先默认地心引力方向是垂直于画面底边向下的，但有些照片被拍摄者故意旋转倒置，利用视觉惯性造成矛盾而有趣的效果。这就是空间倒置。

最常用的空间倒置就是利用水面或镜面的倒影，非平整镜面和有波纹的水面产生有趣的变形倒影，类似抽象画的效果。构图方面，为了让观者在最初的疑惑后能意识到照片被倒置了，一般会将实物也摄入画面中，这样做还可以产生有趣的对比，增添审美的趣味。

◎ 50mm ⊛ f/11 ▨ 1/200s ISO 160

水中的房屋倒影被倒置成正像，乍一看，画面底部的房屋实体反而更像倒影

第13章
尼康D800视频拍摄

13.1 为录制视频准备第二张存储卡

尼康D800采用双卡插槽设计，可以兼容CF、SD、SDHC、SDXC多类别的存储卡。不过在使用拥有超高像素和高帧数视频拍摄功能的尼康D800录制视频时，其生成的视频文件也是较为庞大的。因此我们最好有针对性地额外准备一张存储卡来应对录制视频的需要。相比于CF卡，SD卡拥有体积小，性价比高等优势，因此可以选择一张SD卡作为视频录制的存储卡。

选择存储卡时，首先要考虑存储卡的容量。现在市面上的SD卡主要有SDHC和SDXC两种，SDHC储存卡的存储量相对较小，已经不能满足尼康D800更高画质和最大60帧/秒的视频所需的大容量存储需求，而最新的SDXC卡的储存容量能够达到32GB~2TB，其存储容量完全能够满足存储尼康D800所拍摄的超高清视频文件的需要。

另一方面要考虑存储卡的存储速度。为了能够适应尼康D800的高像素以及最大60fps的高帧频所带来的单位时间内存储数据流量大的压力，推荐使用SDXC高速存储卡。

此外，在我们录制视频前，还要对视频的存

90MB/s 32GB容量的存储卡　　　　尼康D800的双存储卡插槽

储位置进行定位。在拍摄菜单中选择动画设定选项，打开动画设定菜单。然后在菜单中选择目标位置选项，在其中选择我们要将视频存储在CF卡插槽中的存储卡内，还是SD卡插槽中的存储卡内。

在选购SDXC存储卡时，推荐SanDisk、金士顿、东芝这三种品牌。在购买时一定要购买正品，否则可能出现存储卡损坏，数据意外丢失，甚至对相机硬件造成损坏等问题。

如果有足够的经济实力，还可以再选购一张存储速度较高、存储容量较大的CF卡，这样可以同时将CF卡和SD卡放入相机使用，在一张卡存储容量饱和的情况下，只需选择将视频存储至另一个卡槽的卡中即可，而无需更换存储卡。

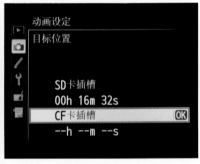

13.2 设置视频品质

在录制视频前，需要根据不同的需求对视频的品质进行选择，视频的品质越好，其生成的文件也越大。

在尼康D800的拍摄菜单中，选择动画设定选项。在其中选择〔帧尺寸/帧频〕选项就会打开视频品质选择菜单。在菜单中提供了多种视频品质的选择。其中"1920X1080"等数据代表视频的分辨率，分辨率越高，视频越清晰。而后面的"30fps"等数值则代表视频每秒所具有的帧数，帧数越高，视频流畅度越好。

之后再选择该选项下面的动画品质，打开动画品质选择菜单，其中有〔HIGH高品质〕和〔NORM标准〕两种不同的视频压缩存储方式，HIGH高品质的视频文件更大，但品质更好。

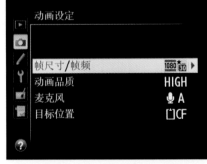

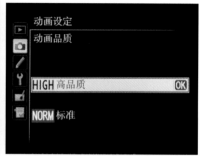

不同视频大小尺寸对比

1920×1080视频图像范围

1280×720视频图像范围

13.3 如何开始录制视频

当做好前期的硬件准备以及相机设置的调整后，就可以操作尼康D800相机开始录制视频。

首先要将机身背部液晶显示屏右下角的实时取景/短片录制选择旋钮向上拨动到短片录制挡，然后按下中间的Lv按钮，听到反光镜抬起的咔嚓声后，在液晶显示屏上就会出现实时取景状态下的视频录制界面。

向上扳动实时
取景/短片录制
选择旋钮

按下Lv按钮
打开实时取景

调整自动对焦模式

调整对焦区域模式

AF-ON按钮

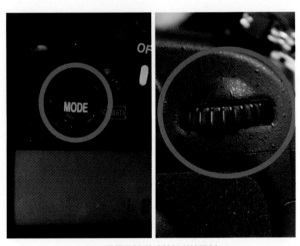

按下视频录制/停止按钮开始录制

液晶显示屏左上角的REC标识表明视频正在录制

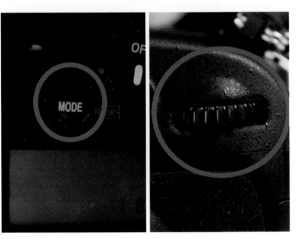

再次按下视频录制/停止按钮终止视频录制

13.4 拍摄视频的曝光控制

尼康D800相机在拍摄短片时有以下几种曝光模式可供选择，我们可以通过按住相机肩屏上方的MODE键的同时，拨动相机背部的拨盘来对D800相机在拍摄短片时的曝光模式进行调整。下面，就对尼康D800相机拍摄视频时的曝光模式分别进行介绍。

1. 程序自动曝光模式P

程序自动曝光模式是在拍摄短片之前，由相机自动控制光圈和快门参数，拍摄者可自行调整感光度和曝光补偿来调整曝光。

2. 快门优先自动曝光模式S

快门优先自动曝光模式是在拍摄短片之前，可以手动对快门速度进行调整，相机根据所调整的快门速度自动调整光圈值以达到正确曝光。要注意的是，在进行视频拍摄时，相机将由机械快门切换为电子快门，通过开关感光元件来实现对快门的控制。

3. 光圈优先自动曝光模式A

光圈优先自动曝光模式是在拍摄短片之前，对光圈值进行手动调节，相机会根据所调节的光圈值自动选择合适的快门速度进行拍摄，以达到正确曝光。

4. 手动曝光模式M

手动曝光模式是指在短片拍摄前，相机的光圈、快门等所有参数均由拍摄者手动进行调节，这是一种比较高级的曝光模式，更适合于有一定拍摄经验的拍摄者。手动曝光模式可以让短片达到一些拍摄者所需要的个性效果，更加具有可控性。

肩屏上方的MODE键　　　　相机背部的拨盘

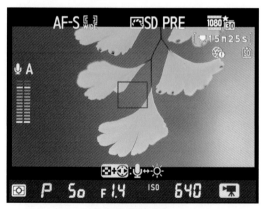

程序自动曝光模式P

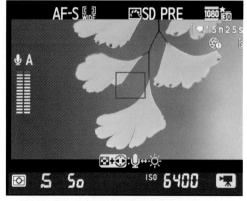

快门优先自动曝光模式S

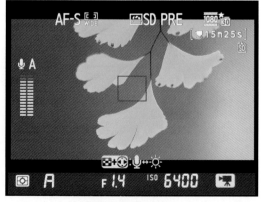

光圈优先自动曝光模式A

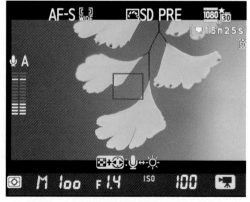

手动曝光模式M

13.5 拍摄视频如何对焦

在拍摄视频时，尼康D800提供了多种不同的自动对焦模式，用于对不同题材进行视频的录制。同时，还可以选择手动对焦，实现更为精准和柔和的对焦。

1. 对焦区域的选择。尼康D800在视频录制时的自动对焦区域有4种。脸部优先AF适用于拍摄人物摄影时使用。这种模式下，相机会自动对画面中出现的人脸进行识别并且自动对焦。宽区域AF则是让对焦区域范围更大，将更多的被摄物体纳入到对焦范围里，适合手持移动拍摄时使用。标准区域AF则是集中在一个很小的区域内进行对焦，适合在固定位置拍摄时使用，使用该模式时建议使用三脚架来拍摄。而对象跟踪AF则是为了拍摄移动的物体而

设计的对焦模式，在使用该模式时，相机会不停更换焦点并且重新对焦来保证被跟踪的物体实时保持清晰。

2. 对焦模式的选择。尼康D800相机在拍摄视频时还提供了单次对焦和实时对焦两种对焦模式。单次对焦会在拍摄视频前进行对焦，在视频录制的过程中无法进行再次的对焦，而实时对焦模式则能够在拍摄视频时自动实时修正对焦。

3. 手动对焦模式。如果需要在视频录制时使用手动对焦，则可以将相机上的对焦模式旋钮扳动至M模式，即可在录制视频时手动进行对焦。

相机背部的拨盘

对焦模式旋钮

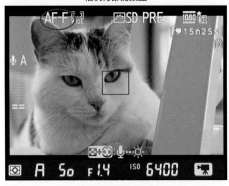

实时对焦用AF-F表示

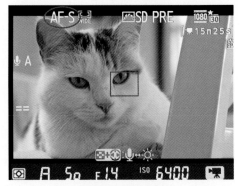

单次对焦用AF-S表示

左侧为自动对焦时由于相机改变位置等原因导致脱焦造成画面模糊，而右图使用手动对焦则能在拍摄过程中保证画面的清晰锐利

13.6 回放视频

当录制完一段视频后，通常会播放视频进行观看和检查，以确定视频拍摄出来的效果。尼康D800相机可以在拍摄完成后很方便地通过相机的液晶屏幕来进行回放。

按下相机上的回放按钮，进入照片和视频的回看界面。然后使用液晶屏右侧的方向键来选择到想要回看的视频上，按下中间的确定按钮，即可进入短片回放界面进行回放。在回放界面中，液晶屏右侧的方向键分别对应了不同的播放功能。中间的按钮为播放按钮，向下键为暂停按钮，向上键为停止按钮，向左键为快退按钮，向右键为快进按钮。

回放按钮

液晶屏右侧的方向键

短片回放界面

13.7 视频拍摄注意事项

1. 在拍摄短片时尽量不要使用自动对焦，自动对焦有可能导致脱焦或曝光变化，同时自动对焦造成的对焦声音也容易被录制进视频声音内。

2. 在拍摄时，拧动变焦环、对焦环都有可能造成相机抖动，一定要尽量柔和地进行操作。

3. 在拍摄短片时，如果使用手动模式进行曝光，尽量选择一个适中的曝光值，即在暗处和亮处都能相对准确曝光的折中点，避免由于拍摄场景的转换造成的曝光过于不准确。

4. 在拍摄过程中一定要使用三脚架，相比于DV，数码单反相机进行视频录制的时候如果相机发生抖动，会在视频中表现得更加明显。

5. 在拍摄短片时，最好装备变焦倍率较大的镜头，在拍摄过程中移动相机容易造成画面的抖动。

6. 如果所使用镜头有防抖功能，一定要将防抖功能关闭，这个功能是针对拍摄照片设计的，对于视频录制中

的抖动修正没有任何帮助，反而容易造成细微的抖动。

7. 长时间的拍摄会导致相机温度显著提高，图像质量也会有所下降。

8. 千万不要对着太阳进行短片录制，会导致相机感光元件烧毁。

9. 如果在荧光灯或LED照明下拍摄，短片有可能会出现闪烁。

10. 在弱光照的情况下，录制短片也会产生噪点，尼康D800相机在3200感光度以下几乎做到没有任何噪点，超过3200感光度以后产生较为明显的噪点。

11. 尼康D800相机最长只能不间断录制30分钟的视频，超过30分钟则会停止。

12. 在视频录制的过程中，如果进行自动对焦则有可能导致画面出现卡顿。

13. 在视频录制的过程中无法使用闪光灯。

14. 在视频录制的过程中无法使用包围曝光功能。

第14章
尼康D800高阶技巧

14.1 手动曝光

尼康D800作为一款最新上市的专业级数码单反相机，其所具有的卓越性能在前面的章节中已经介绍很多了。不过，摄影作为一门艺术，归到底还是要体现出拍摄者本身的技巧和创造力。性能卓越的相机是拍摄一幅好照片的基础，但也绝不是全部。因此，其实完全可以在适当的时候多去尝试一下手动拍摄。

提到手动拍摄，一个十分重要的课题就是手动曝光。在前面的章节中已经向大家介绍了尼康D800的手动曝光模式，下面就进一步了解手动曝光的一些实用技巧。

首先，在使用手动曝光时，要有意识，那就是在考虑曝光时，只需针对光圈、快门、感光度这3个要素进行相应地调节，而其他的问题则可以忽视。只有这样才能真正体会到手动曝光的魅力所在。也正因为如此，在使用手动曝光时，我们最好是将照片以RAW格式进行存储，这样一来我们就能够更加专注于曝光三要素的设置，而将其他问题留待后期解决。

当真正开始使用手动曝光进行拍摄时，其实也是有法可循的。比如，除了那些特别需要提高快门速度（如在室内拍摄运动对象）的情况以外，可以直接将感光度设定为ISO 100，如此便能够保证最终的成像效果不会受到噪点的影响。

然后，对于光圈和快门的设置，则主要有这么两种情况。一种是在拍摄静止的被摄体时，建议可以先设置光圈、再设置快门速度；另一种是在拍摄运动对象时，建议先设置快门速度、再设置光圈。

之所以要这样做，主要是因为对于静止的被摄体来说，快门速度对画面效果的影响远没有光圈显著；对于运动中的被摄体来说，光圈对画面效果的影响远没有快门速度显著。

而当选择好一个光圈或快门速度以后，就需要进一步考虑怎样去选择另外一个参数。根据最终所要获得的拍摄效果，一般有以下两种方法。

一种是正常曝光，也就是所选定的曝光参数组合正好可以实现正常曝光的画面效果。为了能够更为自如地设置出正常曝光所需的曝光参数，需要平时多去积累不同场景光线条件下的曝光经验，而这也正是手动曝光的意义所在；另一种方法是故意获得曝光过度或者曝过不足的曝光效果以实现某种特殊的创作意图。比如，可以通过故意曝光过度或曝光不足拍摄出高调或者剪影效果的画面。

需要注意的是，不论是使用上述何种方法，都可以先试拍几张，然后再利用相机的夜景显示屏查看曝光效果，这样就可以很容易找到所需的曝光组合了。

32mm　f/16　1/200s　ISO 100

通过使用手动曝光模式故意压暗画面中的骑马人物，最终拍摄出如图所示的极具艺术感染力的剪影效果

◎ 50mm ✹ f/2 ▨ 1/2000s ⓘ ISO 100

通过使用手动曝光模式故意使人物身后的背景适当曝光过度，可以使所拍摄的人像照片呈现出唯美的高调效果

14.2 微调白平衡

在数码摄影中，对于画面色彩的控制，大多都会通过后期处理来解决。但是，数码摄影中的色彩表现，其实很大程度上可以通过白平衡来进行调节。

不过，在实际拍摄时，无论是选择自动白平衡还是白炽灯、荧光灯等白平衡模式，很多时候都未必能将被摄对象的色彩还原得恰到好处。

为了解决这一问题，可以借助尼康D800中的白平衡微调功能对画面中的色彩表现做出进一步修正。通常，尼康D800在多数白平衡模式下都可对所设定的白平衡进行微调。只要我们能够合理地使用白平衡微调功能，就能实现更为准确的色彩还原。

下面就来简单介绍一下白平衡微调的操作步骤。

1. 选择D800拍摄菜单中的白平衡选项，然后选择"手动预设白平衡"并按下多重选择器●进入白平衡微调界面。

2. 在白平衡微调界面中，通过使用多重选择器▲▼◄►，可以将之前所设定的白平衡在琥珀色（A）-蓝色（B）轴以及绿色（G）-洋红色（M）轴上进行微调。

3. 在完成白平衡微调的设置后，按下 **OK** 键即可保存之前所进行的白平衡微调设定，然后就能够以此设定来进行拍摄了。

现在，已经知道了白平衡微调的操作方法，那么在实际拍摄时，到底应该如何使用这一功能进行拍摄呢？下面就来看看不同的白平衡微调效果，从而对白平衡偏移的作用有一个更加深刻地认识。

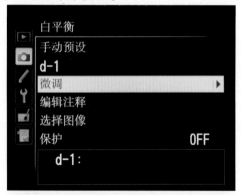

尼康D800白平衡菜单中的白平衡微调选项

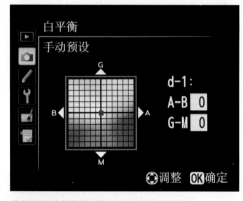

尼康D800白平衡微调界面中的白平衡微调坐标

向绿色[G]轴方向调整效果

向洋红色[M]轴方向调整效果

向蓝色[B]轴方向调整效果

向琥珀色[A]轴方向调整效果

通过所列举的白平衡微调效果图，可以看出，通过调整横向的蓝色(B)-琥珀色(A)轴，能够使照片变暖或变冷，与使用实体的色温转换滤镜的效果相同。

而通过调整纵向的绿色(G)-洋红色(M)轴，则可使照片的整体色调向绿色或者洋红色偏移，与使用实体的色彩补偿滤镜的效果相同。

利用上述这些特性，一方面，可以对出现色温与色彩偏差的照片进行矫正，使其恢复正常的色温与色彩表现。比如，对于那些有些偏冷的照片，可以通过白平衡偏移功能将白平衡向琥珀色(A)轴方向适当偏移；而对于那些有些偏绿的照片，则可以通过白平衡微调功能将白平衡向洋红色(M)轴方向适当偏移。

另一方面，还可以故意使照片的色温与色彩表现产生偏差，从而获得常规拍摄所无法实现的独特艺术效果。比如，在需要拍摄具有冷调氛围的照片时，可以通过白平衡微调功能，故意将白平衡向蓝色(B)轴方向偏移；而在需要使画面呈现出洋红色调时，则可通过白平微调移功能，故意将白平衡向洋红色(M)轴方向偏移。

此外，根据具体拍摄情况和拍摄需要，还可以通过综合调整白平衡偏移坐标中的横轴与纵轴的偏移方向和矫正量，对所拍摄照片的色温及色彩表现进行更加细致的调整，从而获得更为丰富的画面效果。

在拍摄这幅风光照片时，常规的白平衡使照片看起来有些灰蒙蒙的，而通过故意将白平衡向蓝色(B)轴方向偏移，则可呈现出鲜明的冷色调效果，这样就使得整个画面看起来更为生动，同时也显得更加深远悠长

14.3 黑卡长时间曝光

要想将一个明暗反差较大的场景中的高光和阴影细节都清晰可见地呈现在照片之中，本身就是一件有些难度的事情。尤其是对于数码单反相机来说，即使像是尼康D800这种具有较高宽容度的专业级数码单反相机，在面对高反差场景时也会有些力不从心。

也许有人会说通过机内的HDR功能或者使用Photoshop对照片进行后期处理就可以很好地解决上述的问题。不过，要知道，一方面这些方法还是存在很多的局限性，另一方面更为重要的是这样也会缺少实际拍摄时的摄影乐趣。因此，这里向大家推荐一种可以在前期就解决上述问题的方法——黑卡长时间曝光法。

下面就以拍摄明暗反差较大的场景为例来具体介绍一下这种曝光方法的整个操作流程和注意事项。

准备黑卡和其他相关设备

使用黑卡长时间曝光法时，首先要准备一张大小可完全遮盖镜头的不反光黑卡纸。通常，一般的文具店就可买到类似的黑卡纸，而部分摄影器材店则有更加专业的黑卡套装可供选购。接下来就是准备好具有B门功能的尼康D800数码单反相机，以及能够保持相机稳定的三脚架以及快门线。

拍摄前的操作准备

拍摄前，应先选择好相应的拍摄位置，由于需要长时间曝光，要尽量选择无风、清静、稳定的场地进行拍摄，如此便可以有效避免外界因素所导致的相机震动问题。

而在构图及测光方式的选择上，为了保证拍摄的成功率，在正式拍摄前，要不断进行重复的构图和点测光实验，从而找出场景中最亮处和最暗处在画面中所占的面积以及分布，并且将点测光测得的场景中各区域所需的曝光时间记录下来。

正式拍摄

在正式拍摄时，需要先用三脚架来稳定相机，然后，开启尼康D800的曝光延迟模式，以减低反光镜升起时的震动对画面所造成的不良影响。

在此，假设之前通过测光已知所拍摄场景中的亮处需要10秒来完成曝光，而暗处需要30秒来完成曝光，那么可以先来完成暗处的曝光。而在对暗处曝光时，需要先用黑卡把场景中的亮处遮盖，然后通过快门线以B门的方式开启快门。等到20秒过后，就可以把黑卡移开，然后将暗部区域和亮部区域在一起继续曝光10秒。最后通过快门线将快门闭合。

这样一来，画面中的暗部以及亮部就都可以获得较为适宜的曝光，而场景中不同亮度区域中的景物细节也就能够在画面中清晰地呈现出来了。

特别注意

在使用黑卡长时间曝光的过程中，还有一个问题需要特别注意，那就是在使用黑卡遮挡局部画面时，一定要使其进行上下左右轻微不间断地晃动。目的主要是可以把由于遮挡所形成的明暗分界线，在画面中彻底淡化掉。

不反光的黑卡纸

📷 28mm ✦ f/32 ▨ 1s ISO 100

这幅照片中的落日虽然曝光正常，但海水却因为曝光不足而在画面中变成漆黑一片

此外，为了保证能够在拍摄过程中更加均匀、适当地晃动黑卡，在拍摄之前，还可以先在所要遮挡的区域试着晃动黑卡，以此来体会和适应拍摄时所需的晃动节奏和频率。

28mm　f/32　2s　ISO 100

通过使用黑卡先将较为明亮的落日进行遮挡并对海水进行曝光，然后拿开黑卡再将两者同时进行曝光，这样就可以获得曝光较为均衡的效果了

14.4 变焦特效

在常规摄影中变焦的作用可能只是通过改变焦距来获得不同的视野、透视以及景深效果。其实，变焦还有一些特别的用处，可以将其统称为变焦特效。变焦特效的本质，实际上就是通过在拍摄中途变换焦距使被摄体在照片中的纵深方向具有一种动感效果。

而对于使用尼康D800的用户来说，要获得这种效果，最重要的就是在拍摄时要通过快门优先模式设置一个较慢的快门速度，以确保曝光时间足够的长，这样才可以在曝光过程中有时间进行变焦操作。除此之外，还有一些小技巧可以更好地实现变焦特效

保持相机稳定

由于要使用较慢的快门速度，而在此过程中，相机的任何抖动都有可能会破坏最终的成像效果。因此，为了最大限度地减少相机的抖动，需要在拍摄时使用三脚架来稳定相机，或者将相机放置在能够获得稳定的平台上。

🔘 17mm 🎛 f/22 ▨ 1/30s 🔲 100

以璀璨的霓虹灯作为拍摄对象，通过在长时间曝光过程中，将镜头从长焦端向广角端变动，从而得到多彩光线向画面中心汇聚的奇特效果

避免曝光过度

在进行长时间曝光时，还有一个最大的问题就是可能会导致过多的光线进入相机，从而造成曝光过度。为了解决这一问题，我们可以通过缩小光圈或者跟镜头前加装中灰密度滤镜的办法，来减少进入镜头的光量。而若是直接选择在弱光环境下进行拍摄，则更有利于实现变焦特效。

将多彩光源作为拍摄对象

在进行变焦特效时，为了能够获得更加"出彩"的拍摄效果，可以选择多彩的光源作为拍摄对象，比如城市里的霓虹灯光，舞台上的照明灯光等。可以充分利用这些五彩斑斓的光源，拍摄出具有独特视觉效果的变焦特效照片。

连续、均匀的变焦操作

想要变焦特效中的变焦轨迹在画面中显得更加平顺、

光滑，需要在曝光过程中，以一种连续、均匀的方式进行变焦操作。而为了能够做到这一点，最好是在拍摄前进行反复的练习。之所以要如此，主要因为忽快忽慢的变焦通常会得到断断续续、凌乱不堪的画面效果。

在变焦过程中暂停

之前提到了变焦过程中最好不要忽快忽慢，但是还有一种特殊的情况。这种特殊的情况就是，可以在变焦开始、结束或者在变焦的过程中停顿变焦。不过，需要注意的是这种停顿最好是有规律的停顿，如此才能最终获得较为满意的拍摄效果。

尝试不同的变焦方向

一般来说，在曝光过程中由长焦端变焦至广角端，由广角端变焦至长焦端的效果是截然不同的，因此，可以在实际拍摄时尽量都去尝试。

⊙ 45mm ✦ f/32 ▨ 1/30s ISO 100

先使用镜头的广角焦段拍摄一段时间，然后在使用镜头盖遮挡镜头的同时进行变焦操作，之后再使用镜头的中焦段拍摄一段时间，这样一来就可以呈现出如图所示的两个焦段的影像相互叠化的效果了

14.5 多重曝光

摄影是瞬间的艺术，除了可以单纯地记录同一个影像以外，还可以通过多次曝光的方法，将不同时间、不同地点所拍摄的不同影像融合在一幅照片之中。

多重曝光的原理

对于传统的胶片相机而言，所谓的多重曝光，是指在同一块胶片上进行两次或多次的曝光，以使照片达到特殊效果的操作。操作时，在一个胶片曝光了一次之后，操作者可选择使用相机的多重曝光功能，使相机的胶片保持不动，也就是说不走卷过片，而仅对快门上弦，重新调整好光圈与快门速度以及焦距后，再次按下快门按钮，而最终实现在同一块胶片上实现更多次曝光的目的。

尼康D800的多重曝光功能

对于尼康D800来说，也具有多重曝光的功能。可以像使用传统胶片相机一样，使用多重曝光功能多次拍摄不同或相同的景物，然后将其作为同一个照片文件存储到存储卡上，从而在得到与传统相机相同的多重曝光效果。

不过，也许有些人会认为可以通过后期软件对各种不同的图片进行叠加处理而获得与多重曝光相类似的效果，但实际上，一方面数码后期制作并不是所有的摄影者都能够很熟练地掌握，另一方面，一般的数码后期很难达到像前期拍摄时的一样的浑然天成的多重曝光效果。

多重曝光的实拍技巧及注意事项

1. 曝光量的控制

在WZ实际进行多重曝光拍摄时，对曝光量的控制是一个尤为重要的问题。一般来说，进行多重曝光时，所有多次曝光的总量之和应该等于一次正常曝光的所需量，否则最终所获得的图片将会严重曝光过度。比如，如果一次正常曝光的所需量为1EV的话，那么N次多重曝光的曝光量就应是1EV的1/N。

2. 构图的选择

除了曝光量的控制以外，在构图的选择上，也要结合多次曝光的特点有意识地进行取舍。比如，在构图时应注意不要让各影像的主要明亮部分相互重叠。而应让后一张照片的明亮区域出现在前一张照片的黑暗区域，而其黑暗区域则应出现在明亮区域。同时，为了避免某个影像的某一明亮区域在画面中过于明显，也可以使用之前所提到的黑卡纸来故意进行一定的遮挡，以获得所需的拍摄效果。

3. 弥补常规拍摄的缺陷

多次曝光不仅可以拍摄出奇特的画面效果，而且还可以弥补拍摄过程中的许多缺陷。

比如，当通过常规方法都无法获得满意的大景深效果时，就可以使用三脚架将相机固定，然后利用多重曝光功能，将焦点分别对准画面中的不同位置进行多次拍摄，这样就可以获得常规拍摄时所无法实现的大景深的效果了。

📷 30mm 🔆 f/8 〰 1/80s ISO 100

先将焦点对准近处玻璃窗上的水珠进行曝光，然后再将焦点对准远处的现代建筑进行二次曝光，如此便可将两者同时以较为清晰的效果呈现在画面之中

300mm   f/5.6   5s   ISO 100

在拍摄这幅照片时，利用多重曝光功能先使用较短的焦距拍摄地面上的建筑物，然后再以较长的焦距将月亮拉近拍摄，这样就可以使二者在画面中的比例显得更加匀称